全国优博文库

新型介观晶体结构及形成机理的电子显微学研究

XINXING JIEGUAN JINGTI JIEGOU JI XINGCHENG JILI DE DIANZI XIANWEIXUE YANJIU

韩　璐　车顺爱◎著

知识产权出版社
全国百佳图书出版单位

图书在版编目（CIP）数据

新型介观晶体结构及形成机理的电子显微学研究 /韩璐, 车顺爱著. —北京: 知识产权出版社, 2015.10

ISBN 978-7-5130-3281-0

Ⅰ.①新… Ⅱ.①韩… ②车… Ⅲ.①电子显微术－应用－晶体结构测定 Ⅳ.①O766

中国版本图书馆CIP数据核字(2015)第004187号

内容提要

本书主要是关于通过电子显微学对新型介观晶体的结构特征和形成机理进行详细表征的研究，包括介孔材料的共结构导向法合成体系及以DNA分子为模板进行自组装矿化。第1章介绍了晶体学和电子显微学的概括，第2章是关于介孔晶体的相转变与曲率研究，第3章是关于具有多面体内部形貌的介孔空心球晶体研究，第4章是关于DNA-二氧化硅共组装介观晶体的研究，第5章是关于阴离子表面活性剂导向形成纳米颗粒和空心球的机理研究，第6章在总结的基础上提出了该研究领域的展望。

本书可供从事自组装、介观结构、孔材料合成和表征的科研工作者参考。也可作为化学、材料学等相关专业的高年级本科生和研究生的参考教材。

责任编辑：彭喜英

新型介观晶体结构及形成机理的电子显微学研究

韩 璐　车顺爱　著

出版发行：知识产权出版社有限责任公司　网　址：http：//www. ipph. cn
　　　　　　　　　　　　　　　　　　　　　　　http：//www. laichushu. com
电　话：010－82004826
社　址：北京市海淀区马甸南村1号　邮　编：100088
责编电话：010－82000860转8539　责编邮箱：pengxyjane@163. com
发行电话：010－82000860转8101／8029　发行传真：010－82000893／82003279
印　刷：北京中献拓方科技发展有限公司　经　销：各大网上书店、新华书店及相关专业书店
开　本：720mm×1000mm　1/16　印　张：8.75
版　次：2015年10月第1版　印　次：2015年10月第1次印刷
字　数：150千字　定　价：45.00元
ISBN 978－7－5130－3281－0

前 言

晶体是具有平移操作对称性,由结构的构成单元在三维空间无限排列而构成的一类特殊的固态物质。晶体有着非常特殊的内部结构和外部形貌,从而具有很多特殊性能,因此研究晶体的内部微观结构及合成具有不同性能的晶体材料就有着极其重要的意义。随着纳米科技的发展,介观尺度上的有序及组装成为化学界及材料学界的研究热点。特别是一些介观尺度有序的晶体引起了人们的广泛关注。如介孔晶体就是一种非常特殊的晶体,其内部的原子尺度排列是无定形的,但在介观尺度上,模版分子 (簇) 或内部的孔洞具有高度有序的排列。这些介观晶体在常规的XRD或SAXS分析方面存在诸多困难,很多结构和机理并没有得到充分表征和研究。因此需要通过电子显微学对不同的新型介观晶体进行结构表征和机理研究。通过透射电子显微学,可以同时得到倒易空间和正空间的信息,因此通过电子晶体学方法可以方便得到介观晶体的结构特征。此外,在共生、缺陷的研究上面,电子显微学的方法相比 X 射线衍射有着明显优势。

本书主要通过电子显微学对新型介观晶体的结构特征和形成机理进行详细表征的研究。其实本人最初的主要研究方向是新型功能化介孔材料的合成,后来去瑞典斯德哥尔摩大学学习电子显微学和结构解析的知识,因此找到了一个很好的交叉点,利用电镜学对材料进行结构分析及机理研究。由于本课题组在多孔材料的合成方面有着很丰富的经验,我很快就找到了两个大的体系来开展研究工作,一个是介孔材料的共结构导向法合成体系,另一个是以DNA分子为模板进行自组装矿化。这两个体系都非常新颖,结构上也有很多可以做的地方,后续的工作基本都是围绕这两个体系来进行的。

在第2章中,利用氨基酸头部的阴离子表面活性剂和共结构导向剂,通过添加非离子共表面活性剂Brij-56，合成出了一系列具有不同有机/无机界面曲率的介孔晶体。由于高温下Brij-56的疏水性，Brij-56分子可以与C_{18}GluA的疏水端相容而增加胶束疏水部分的体积，降低有机/无机界面曲率，生成*g*值较大的介观结构。因此，随着Brij-56加入量增高，介观相从高有机/无机界面曲率的结构转变为低有机/无机界面曲率的结构，得到了含有两种双连续立方结构的相图，对其相变顺序进行了研究，并通过电子晶体学的方法根据实验所得出的平均曲率和高斯曲率值计算两种结构的表面活性剂堆积参数，从而在同体系中通过实验结果区分了这两种最小表面的双连续立方结构。此外，还通过HRTEM研究确认了多种结构的外延共生关系 。

在第3章中，通过使用谷氨酸衍生阴离子表面活性剂，采用共结构导向剂的合成方法，添加非离子表面活性剂Brij-56作为共结构导向剂，发现了一种具有罕见多面体内部形貌 (二十面体、十面体、Wulff多面体等) 的介孔空心球晶体。经过HRTEM的表征，发现球壳是由高度有序的双连续金刚石介孔结构组成的，而多面体结构是由于球壳形成了“反向”多重孪晶而形成的，这是第一次发现晶体能够以多重孪晶结构来形成空心晶体。通过反应过程的时间实验，确认在反应溶液中最初形成了层状囊泡，之后发生了介观相相变而形成了高度有序的双连续金刚石结构。到目前为止，这是第一次通过一步法使用两亲性分子自组装和后续的介观相相变形成了具有多面体内部形貌的介孔空心球晶体，并且第一次对多面体内部形貌的空心球晶体的生长及形成机理进行了详细的解析。这种新型空心球晶体的合成过程引入了一种全新的晶体生长和合成策略，是对目前已知晶体结构和形貌的补充。

在第4章中，通过以DNA为模板，使用共结构导向法合成了DNA-二氧化硅复合晶体，并进行了详细的结构表征和机理研究。随着合成体系DNA溶液初始浓度的增高，晶体从二维六方结构变为罕见的二维正方对称性结构。研究发现，具有二维正方结构的片状晶体呈现出六方的外形，且由若干个晶区融合而成，不同晶区取向角度之差互为60°。其形成过程结果表明，在早期先形成了二维六方紧密堆积结构，随着缩聚的进行，二维正方晶区逐渐出现并扩大、融合，最终形成了具有几个大的晶区的纯二维正方结构和六方外形的片状晶体。而二维正方堆积是由于DNA分子自己的螺旋构型产生的。依据Kornyshev-Leikin模型，当螺旋状分子紧密堆积时，相邻分子会采取不同的相位，即取向错位，分子和分子之间形成“拉链”，以达到最大作用和最紧密堆积，即DNA骨架磷酸呈现负电荷螺旋带，而TMAPS为正电荷螺旋带，相邻分子取向错位，拉近DNA分子之间的距离，使得DNA分子的正电荷螺旋带与邻接DNA分子的负电荷螺旋带相互作用，形成静电作用“拉链”，使得二维正方结构稳定存在。而二维六方晶体的形成是由于在较低浓度下，相对来说二氧化硅墙壁的形成较快，屏蔽了DNA分子表面的电荷，使分子按照柱状均匀分子的方式进行二维六方紧密堆积。这些结论对DNA理论研究、DNA自组装、生物矿化、大分子自组装和新型功能材料等设计方面都有重要的意义。

在第5章中，以阴离子表面活性剂C_nGluA，P123或Brij-56作为分散剂，通过不同的实验配方合成具有不同结构、不同粒径的介孔纳米颗粒。使用不同链长的表面活性剂得到了粒径比较均匀的纳米颗粒，且平均粒径随着表面活性剂碳链长度的增加而减小。其中使用短链表面活性剂得到的是具有高度有序$Fd\sum 3m$面心立方结构的晶体。此外，通过调节表面活性剂的浓度，得到了具有不同粒径的介孔纳米颗粒结构，并探讨了其形成机理。此外，通过使用油酸作为表面活性剂得到了空心介孔球结构，添加乙醇可以提高孔隙率，形成薄壁而具有介孔垂直于球壳的通透结构。通过跟踪其形成过程，发现这种空心球是在乳液/表面活性剂双重作用下形成的。在反应体系中添加乙醇，可以调节反应液的乳化速度，降低表面活性剂堆积参数g，形成具有通透球壳内外介孔的空心球结构。

本书的主要研究内容大部分是在3年期间内完成的，由于当时着急入职，写作只用了一个多月，比较仓促，很多内容是从我发表的英文文章直接翻译过来的，用了很多被动语态，并不符合中文的使用习惯，也有很多错别字，结果盲审的时候被匿名专家评审为“语言不合格”，又重新认真修改了一遍才通过，匿名专家在意见里面还写到“推荐全国优博”。结果本论文真的有幸获得了全国优博称号，现在想想特别想感谢那位专家。这里将论文出版，也希望能给化学、材料学从事自组装、介观结构、孔材料合成和表征的研究者一些参考。

此外，我要最诚挚地感谢我的导师车顺爱教授，正是她将我带入了一个崭新广阔的科研世界。在学术上，车老师渊博的学术知识，严谨的治学态度使我受益匪浅，特别是车老师向科研高峰不断攀登的精神尤其使我难忘。我从大学四年级进入研究室以来，车老师在论文选题、实验方案的设计和论文的完成上面都给予了我悉心指导，使我在学习和研究过程中能够不断提高，不断进步。能够遇到一位负责任、有才干的一流的导师，我感到很幸运。此外，车老师为我们提供了很多出国访学、交流和参加国际会议的机会，能够学习众多先进技术，并且接触到最新的领域前沿。此外，在生活上，车老师就像母亲一样关怀我们，无微不至。

我还要诚挚地感谢瑞典斯德哥尔摩大学的Osamu Terasaki教授。Terasaki教授与车老师之间维持了一种令人羡慕的国际合作关系，我也因此有幸与他结下了深厚的师生情谊。他亲授了我TEM结构解析的原理和技术，在科研中给了我专业的结构解析上的指导。他和蔼可亲、平易近人、治学严谨，对科学有一种常人无法理解的热情和执着，让我深受鼓舞。本研究工作的完成，也与 Terasaki 先生的培养分不开。

我要感谢瑞典斯德哥尔摩大学Yasuhiro Sakamto博士，阮娟芳博士和Keiichi Miyasaka博士，邹晓冬教授，Sven Hovmöller教授，Margareta Sundberg教授，张大梁博士，丰田中心的 Tetsu Ohsuna 博士，你们在 TEM 分析和结构解析方面给予了我巨大的帮助和指导。其中特别感谢Miyasaka博士，他在晶体的三维重构和曲率分析方面为我提供了很大的支持和帮助。此外，我还要感谢舒谋海老师为我的工作提出的宝贵建议，化学化工学院分析测试中心的刘丽月老师在TEM测试方面的帮助。

博士研究生的生活和研究离不开同学们给予的帮助和支持。在这个五年里，本课题组的所有老师同学包括李永生博士、彭保卫博士、姚远博士、曾威博士、李华春博士、吴小伟博士、靳海英博士、张伊峰、陈茜茹博士、邱惠斌博士、高传博博士、范茬兴、于亚涛、郑浩铨、宫润欢、金晨羽、舒鹏、刘少华、邢磊、谢俊杰、刘犇、黄哲昊、许冬冬、许东坡、段瑛滢、马朝重、王玉、李晨光、冉华、郭勇、冯汲、曹渊渊、韩光、林芮羽、马延航、丁之光、王赢、阿热帕提等人，在工作和生活中给予了我很大的帮助，我们一起度过了一段美好的时光，永远难忘。特别要感谢我的共作者金晨羽，在 DNA 为模板合成方面取得了很大的进展，提供了很多非常有趣的样品。此外，还有斯德哥尔摩大学结构化学系的舒南江博士，孙俊良博士，石磊博士，朴淑英博士，肖长虹，黄石亮，王正阳，万威博士，Ping Tu 博士，Sam M. Stevens 博士，Miia Klingstedt 博士，Kristina Lund 博士，Norihiro Muroyama 博士，Hirotoshi Furusho，Toen Castle 博士，Eduardo Ruiz - Hernández 博士，Adolfo López - Noriega 博士，Petr Vasiliev 博士，Mikaela Gustaffson，Jovice BoonSing Ng 博士，Zoltan Takasc，Andrew Kentaro Inge 等人，你们创造了良好氛围，我们相处愉快，留下了很多美好的记忆。

我还要感谢我的父母和我的爱人徐欣欣，你们对我一如既往的支持和鼓励，正是因为有你们作为我坚实的后盾，正因为有你们，才令我更加坚强、自信地在科研的道路上奋斗，努力实现人生的价值，祝福你们永远健康幸福。我爱你们。

最后感谢所有关心过我、帮助过我的人，祝你们幸福。

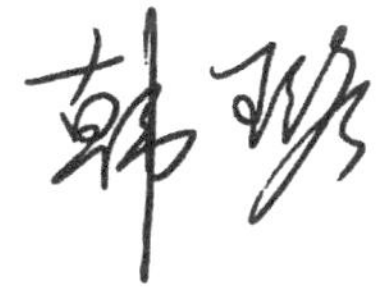

2015年6月于上海交通大学

缩略词语表

1D	One-dimentional 一维
2D	Two-dimentional 二维
3D	Three-dimentional 三维
AMS	Anionic surfactant-templated mesoporous silica 阴离子表面活性剂导向介孔二氧化硅
APS	(3-aminopropyl) trimethoxysilane 3-氨丙基三甲氧基硅烷
APES	(3-aminopropyl) triethoxysilane 3-氨丙基三乙氧基硅烷
BCC	Body-centered cubic 体心立方
BET	Brunauer-Emmet-Teller
BJH	Barrett-Joyner-Halenda
CCP	Cubic close-packed 立方紧密堆积
CMC	Critical micelle concentration 临界胶束浓度
CSDA	Co-structure directing agent 共结构导向剂
EC	Electron crystallography 电子晶体学
ED	Electron diffraction 电子衍射
EM	Electron microscopy 电子显微学
FCC	Face-centered cubic 面心立方
FD	Fourier transform diffractogram 傅里叶变换衍射图谱
HCP	Hexagonal close-packed 六方紧密堆积
HRTEM	High-resolution electron microscopy 高分辨透射电镜
IUPAC	International Union of Pure and Applied Chemistry 国际纯粹与应用化学联合会
MCM	Mobil composition of matter Mobil公司合成材料
MTP	Multiply twinned particle 多重孪晶

SAED	Selected area electron diffraction 选区电子衍射
SBA	Santa Barbara Amorphous 圣芭芭拉无定形材料
SDA	Structure directing agent 结构导向剂
SEM	Scanning electron microscopy 扫描电子显微学
SMC	Silica mesoporous crystal 二氧化硅介孔晶体
TCP	Tetrahedrally close-packed 正四面体紧密堆积
TEM	Transmission electron microscopy 透射电子显微学
TEOS	Tetraethylorthosilicate 正硅酸乙酯
TMAPS	*N*-trimethoxysilylpropyl-*N*,*N*,*N*-trimethylammonium chloride *N*-三甲氧基硅基-*N*,*N*,*N*-三甲基氯化铵
XRD	X-ray diffraction X 射线衍射

目 录

第1章　绪　论

晶体是一种特殊的固态物质，它具有周期性排列的内部结构。在晶体内部的原子、离子或者分子按照一定规律在三维空间内进行排列堆积，很多晶体在结晶过程中可以形成具有一定规则的几何外形。晶体这个单词最初来源于古希腊词语“κρύσταλλος ”(krustallos) 和“κρύος” (kruos)，意为“石头一样的晶体，冰”和“冷的冰”，英文的“crystal”也来源于此[1,2]。晶体具有很多特殊性质，在人们的日常生活中和工业生产中扮演着重要角色，因此研究晶体的内部结构和形成机理有着极其重要的意义。

介观晶体是一类特殊晶体，主要指在介观尺度有序的结构。如介孔晶体，其在原子尺度上具有无定形二氧化硅或其它化合物构成的骨架结构，但其内部结构在介观尺度上以一维(1D) 、二维(2D)或三维(3D)高度有序排列。它们的点阵和原子晶体类似，但结构基元变成了模板分子或内部孔洞，因此可以认为是由有序孔洞或模板所组成的“cavity crystal”。这类材料的结构解析离不开电子显微学方法。

本章将通过教科书《Introduction to Solid State Physics》(C. Kittel)[3]、《Transmission Electron Microscopy》(D. B. Williams, C. B. Carter)[4]、《Electron Crystallography − Electron Microscopy and Electron Diffraction》(X.Zou,S. Hovmöller)[5]，对晶体学和透射电子显微学进行简单叙述，再对介观晶体包括介孔晶体、生物矿化材料的结构和形成机理进行介绍。

1.1　晶体学基础

人眼在明视距离(25cm) 处的分辨率为0.073mm，对于更小的物体，人们可以借助于光学显微镜。图1-1是光学显微镜的光路图，平行光路通过凸透镜会聚在后焦平面，在像平面成一个物体倒立的放大实像。

对于凸透镜来说，若u为物距，f为焦距，v为像距，则有

$$\frac{1}{f}=\frac{1}{u}+\frac{1}{v}$$

传统的光学显微镜并不能达到分析晶体内部结构的分辨率。若忽略透镜的各种相差，光学显微镜的分辨率可以用下式来表示：

$$d=\frac{\lambda}{2NA}$$

式中，d为光学显微镜的分辨率；λ为光的波长；NA(Numerical Aperture)为数值孔径 (镜口率)，是能够进入或射出系统的角度，干燥物镜的数值孔径为0.05～0.95，在油相中可以高达1.5。可见光波长范围为400～700nm，取其平均波长550nm，即绿光所对应的波长，油浸物镜的数值孔径为1.25，分辨率$d = 270$nm。在实际中，光学显微镜能达到的最高分辨率约为200nm。

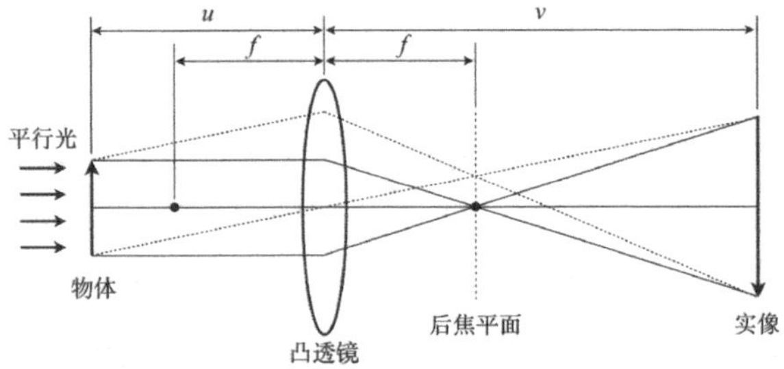

图1-1　光学显微镜光路示意图

Figure 1-1　Ray diagram showing the principle of the optical microscope

在晶体当中，原子之间的间距只有1～2 Å(0.1～0.2nm)，远远小于光学显微镜的分辨率极限，被晶体单个原子弹性散射(elastic scattering)的光波叠加将给出光折射。只有当辐射波长同晶格常量相当或小于晶格常量时，才能通过衍射解析晶体结构。

目前人们主要通过三种方法来研究晶体结构，分别是X射线衍射(X-ray diffraction，XRD，Cu的Kα1波长为λ=1.5406Å)、中子衍射(热中子波长λ～0.5Å)和电子衍射(200kV加速电压下λ = 0.0251Å)。在这三种方法中，简单易用的XRD法得到了非常广泛的应用。相对于XRD来说，由于电子与物质的作用力远远大于X射

线和物质的作用力，电子衍射不需要单晶XRD那样很大的单晶(>5μm)，也没有粉末XRD峰位置重叠的问题，对于局部结构特别是缺陷的解析更加方便。此外，因为电子带有电荷，可以通过电磁透镜聚焦而像可见光一样成像，因此通过透射电子显微镜既可以得到衍射花样又可以得到晶体的图像，也为晶体的结构解析提供了很大的方便。通过使用电子进行成像和衍射的晶体学方法叫做电子晶体学，本书将重点介绍。

1.1.1 晶体、晶面及晶向

晶体是具有平移操作对称性的物质，由结构的构成单元在三维空间无限排列而成，这些构成单元称为基元(basis)。在数学上，这些结构基元可以抽象为几何点，这些点的集合称为晶格(lattice)。这样晶体结构就可以看作晶格和结构基元的复合(图1-2)。

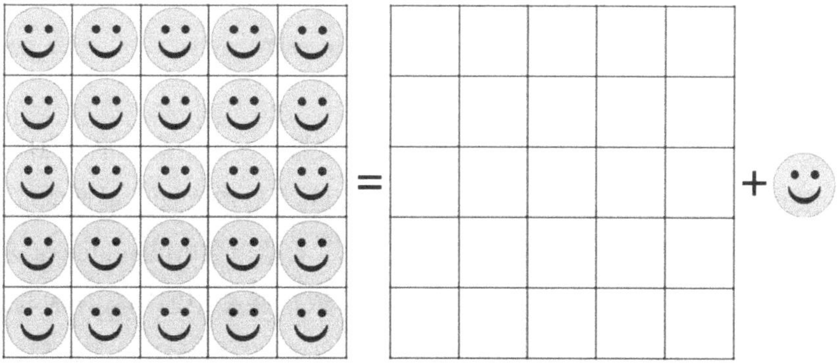

图1-2 晶体结构为晶格与结构基元的复合

Figure 1-2 Schematic drawing of the crystal lattice which is an imaginative grid system with every point has an identical environment of the basis

在三维情况下，在晶体当中给定任意一个矢量$\boldsymbol{r}$，$\rho(\boldsymbol{r})$为矢量$\boldsymbol{r}$处的电子密度，那么存在三个矢量$\boldsymbol{a}$，$\boldsymbol{b}$，$\boldsymbol{c}$使得对于给定的任意整数u，v，w，有

$$\rho(\boldsymbol{r}) = \rho(\boldsymbol{r} + u\cdot\boldsymbol{a} + v\cdot\boldsymbol{b} + w\cdot\boldsymbol{c})$$

由这三个矢量$\boldsymbol{a}$，$\boldsymbol{b}$，$\boldsymbol{c}$围城的空间就称为晶胞(unit cell)，晶体中所有的晶胞都是等同的，晶胞可以用$\boldsymbol{a}$，$\boldsymbol{b}$，$\boldsymbol{c}$三个矢量和三个矢量之间的夹角α，β，γ来表示(图1-3)。

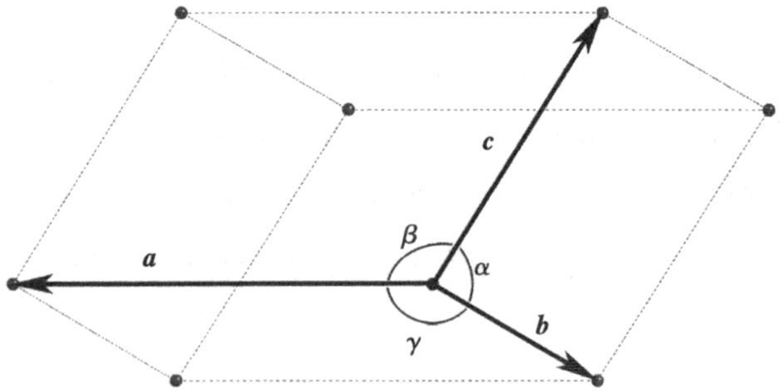

图 1-3　晶胞示意图

Figure 1-3　Schematic drawing of a unit cell

这样，每个点阵点都是完全等同的，并且每个点阵点都可以作为晶胞的原点。当把坐标原点取在晶胞的某一角点上时，每个坐标分别是在坐标轴方向上的轴长 $|a|$，$|b|$，$|c|$ 的分数，即晶胞中的原子位置可以用分数坐标(fractional coordinates) x，y，z 来表示，比如说体心坐标就是(1/2，1/2，1/2)，面心坐标则为(1/2，1/2，0)，(1/2，0，1/2) 和(0，1/2，1/2)，晶体中的任意原子位置则可以表示为

$$\boldsymbol{r} = (u+x)\boldsymbol{a}+(v+y)\boldsymbol{b}+(w+z)\boldsymbol{c}$$

其中，u，v，w 为整数；$0 \leqslant x, y, z < 1$。

通过晶体中不共线的三个点阵点的平面叫做晶面。由于晶体中的点阵点是等同且无限重复，因此晶面也是一组完全等同且相互平行的平面。晶面的取向可以通过这个晶面上任意三个不共线的点来决定，用米勒指数(Miller indices)来表示，一般取晶面在三个晶轴上的截距坐标来表示，取这些截距的倒数化成与之具有相同比率的三个整数，用 h，k，l 表示这三个数，h，k，l 就是所谓晶面指数，表示为 (hkl)。晶面之间的距离叫做晶面间距，表示为 d_{hkl}。如果晶面平行于一个晶轴，即截距无穷大，相应的指数就为零。因对称性而等价的晶面，称为等效晶面，用等效晶面指数 $\{hkl\}$ 表示。图 1-4 是具有 Miller 指数(001)，(110)，(111)晶面的示意图。

除晶面指数外，用$[uvw]$来表示晶体某一方向的指数，称为晶向指数，等于该方向矢量在三个晶轴上的分量的最小整数比，如 a 轴的方向为[100]、$-c$ 轴的方向为[00 Σ 1]。与等效晶面指数相似，等效晶向指数用 $\langle uvw \rangle$ 表示。在立方晶系中，$[hkl]$垂直于具有相同指数的晶面(hkl)。

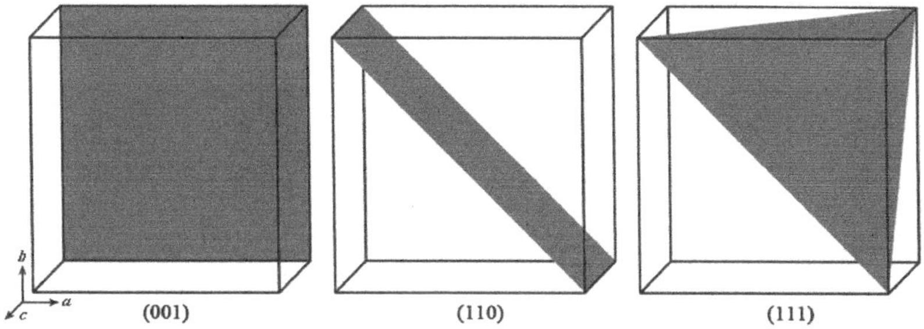

图 1-4 米勒指数为 (001) ,(110) 和 (111) 的晶面示意图
Figure 1-4 Lattice planes with Miller indices (001),(110) and (111)

1.1.2 晶体的对称性

晶体对称操作的引入极大地方便了晶体的结构描述和结构解析。在晶体对称操作当中,至少有一点不动的对称操作称为点动作,相应的对称操作元素称为非平移对称元素(non-translational symmetry element),有以下几种。

镜面(mirror planes),指互成映像的关系,左手的结构经过镜面操作变为右手结构的对映体。

对称中心(inversion center, $\Sigma 1$),指某点两侧的结构对这一点成中心对称(centrosymmetric)。

旋转轴(rotation axes, n),指某结构旋转 $2\pi/n$ 之后保持不变。只有 2、3、4、6 次旋转轴能够满足晶体的周期性。

反轴(rotation-inversion axes, Σn),反轴是旋转和中心对称组成的复合动作,指先绕某一旋转轴旋转一定角度,然后再通过该轴上某一点进行中心对称。

此外,还有两种平移对称元素(translational symmetry element),进行平移动作时每一点都发生了移动,平移是晶体最本质的对称操作。

螺旋轴(screw axis, n_p),是旋转轴和平移操作的复合动作。先绕旋转轴旋转 $2\pi/n$ 角度,然后在与旋转轴平行的方向上平移$(p/n)T$的距离,T为平行于旋转轴的矢量。

滑移面 (glide plane, a, b, c, n 和 d),是镜面和平移操作的复合动作,先通过某一平面进行镜面对称,然后在此镜面平行方向上进行平移。

非平移对称元素的组合可以组成 32 个晶体点群,而与晶体衍射对称类型对应的有 11 种具有中心对称结构的群为劳厄群 (Laue classes)。

晶体的 32 个对称类型可以划分为 7 个晶系。没有镜面和旋转轴的称为三斜晶系 (triclinic),只有一个 2 次轴或镜面的称为单斜晶系 (monoclinic),有三个 2 次轴或镜面的称为正交晶系 (orthorhombic),有一个 3 次轴或 3 次反轴的称为三方晶系 (trigonal),有一个 4 次轴或 4 次反轴的称为四方晶系 (tetragonal),有一个 6 次轴或 6 次反轴的称为六方晶系 (hexagonal),有四个等同的 3 次轴的称为立方晶系 (cubic),其特征对称元素和晶胞特征见表 1-1。

表 1-1　七个晶系的特征

Table 1-1　The seven crystal systems

晶系	特征对称元素	晶胞参数
三斜	1 或∑1	$a \neq b \neq c,\ \alpha \neq \beta \neq \gamma \neq 90°$
单斜	单个2次轴和/或镜面	$a \neq b \neq c$, two of α or β or $\gamma = 90°$
正交	三个2次轴和/或镜面	$a \neq b \neq c,\ \alpha = \beta = \gamma = 90°$
三方	单个3次或∑3次轴	$a = b \neq c,\ \alpha = \beta = 90°,\ \gamma = 120°$
四方	单个 4 次或∑4次轴	$a = b \neq c, \alpha = \beta = \gamma = 90°$
六方	单个 6次或∑6 次轴	$a = b \neq c,\ \alpha = \beta = 90°, \gamma = 120°$
立方	四个等效3次或∑3 次轴	$a = b = c, \alpha = \beta = \gamma = 90°$

而点阵格子根据内部结构不同,可以细分为简单格子(primitive, *P*)、体心格子(body-centered, *I*)、面心格子(face-centered, *F*)和底心格子(base-centered, *A*, *B*, *C*)。格子结构和7种晶系组合,共有14种格子,即布拉威格子(Bravais lattices)。

当在晶体点群中添加平移操作后,得到了各种可能的对称类型,一切晶体结构中总共只能有230种不同的对称要素组合方式,即230个空间群。而晶体的每个二维投影的对称性都可以分成17个平面群。

一个晶胞内,一些原子位置可以通过对另外的原子进行对称操作获得。能够通过对称操作获得整个晶胞的最小单元称为非对称单元(asymmetry unit),在晶体解析过程中,只要解出非对称单元的结构,就可以通过对称操作来获得整个晶体的结构信息。

1.1.3 正空间和倒易空间

晶体最本质的特征是晶体内部的结构基元在空间排布具有周期性。而倒易空间这种数学模型的提出则大大方便了晶体的描述。X射线、中子、电子在晶体内的衍射和光学干涉或衍射十分类似，相干波在空间某处相遇后，因位相不同，相互之间产生干涉作用，引起相互加强或减弱。衍射的结果是产生明暗相间的衍射花纹。作为主体的光栅和衍射花样之间存在一个傅里叶变换(Fourier transform)的关系，而晶体正空间(real space)和其倒易空间(reciprocal space)之间也存在傅里叶变换的关系。

在一维方向考虑周期函数$\rho(x)$，其周期为a，那么将$\rho(x)$展开成傅里叶级数为

$$\rho(x)=\rho_0+\sum_{j>0}\left[C_j\cos(2\pi jx/a)+S_j\sin(2\pi jx/a)\right]$$

其中，j为正整数；C_j和S_j为傅里叶展开系数；$2\pi/a$保证了函数$\rho(x)$的周期性a，则有

$$\rho(x+a)=\rho_0+\sum_{j>0}\left[C_j\cos(2\pi jx/a+2\pi j)+S_j\sin(2\pi jx/a+2\pi j)\right]$$

$$=\rho_0+\sum_{j>0}\left[C_j\cos(2\pi jx/a)+S_j\sin(2\pi jx/a)\right]=\rho(x)$$

可以看出，$2\pi j/a$是傅里叶空间中或者说倒易空间中的一个点。在一维情况下，这些点在一条直线上。为了简便，上式可以写为

$$\rho(x)=\sum_j\rho_j\exp(i2\pi jx/a)$$

将其推广到三维空间的周期函数$\rho(\boldsymbol{r})$，需要一组矢量$\boldsymbol{q}$，使得下面函数在平移矢量T作用下保持不变：

$$\rho(\boldsymbol{r})=\sum_q\rho_q\exp(i\boldsymbol{q}\cdot\boldsymbol{r})$$

定义倒易空间点阵的晶轴$\boldsymbol{a}^*$，$\boldsymbol{b}^*$，$\boldsymbol{c}^*$可以通过正空间的三个晶轴矢量来得到

$$\boldsymbol{a}^*=2\pi\frac{\boldsymbol{b}\times\boldsymbol{c}}{\boldsymbol{a}\cdot(\boldsymbol{b}\times\boldsymbol{c})},\ \boldsymbol{b}^*=2\pi\frac{\boldsymbol{c}\times\boldsymbol{a}}{\boldsymbol{b}\cdot(\boldsymbol{c}\times\boldsymbol{a})},\ \boldsymbol{c}^*=2\pi\frac{\boldsymbol{a}\times\boldsymbol{b}}{\boldsymbol{c}\cdot(\boldsymbol{a}\times\boldsymbol{b})}$$

其中，“·”代表矢量点乘；“×”代表矢量叉乘。

倒易空间矢量与正空间矢量的关系为

$$\boldsymbol{a}^*\cdot\boldsymbol{b}=\boldsymbol{a}^*\cdot\boldsymbol{c}=\boldsymbol{b}^*\cdot\boldsymbol{a}=\boldsymbol{b}^*\cdot\boldsymbol{c}=\boldsymbol{c}^*\cdot\boldsymbol{a}=\boldsymbol{c}^*\cdot\boldsymbol{b}=0$$

$$\boldsymbol{a}^*\cdot\boldsymbol{a}=\boldsymbol{b}^*\cdot\boldsymbol{b}=\boldsymbol{c}^*\cdot\boldsymbol{c}=2\pi$$

因此，倒易空间中任意点阵点都可以通过倒易点阵矢量$\boldsymbol{q}=h\boldsymbol{a}^*+k\boldsymbol{b}^*+l\boldsymbol{c}^*$来给出，其中，$h,k,l$为整数。设$\boldsymbol{q}=h\boldsymbol{a}^*+k\boldsymbol{b}^*+l\boldsymbol{c}^*$，$\boldsymbol{T}=u\boldsymbol{a}+v\boldsymbol{b}+w\boldsymbol{c}$，$u,v,w$为整数，代入三维空间的周期函数$\rho(\boldsymbol{r})$的表达式，则有

$$\rho(\boldsymbol{r}+\boldsymbol{T})=\sum_q \rho_q \exp(i\boldsymbol{q}\cdot\boldsymbol{r})\exp(i\boldsymbol{q}\cdot\boldsymbol{T})$$

其中

$$\begin{aligned}\exp(i\boldsymbol{q}\cdot\boldsymbol{T})&=\exp[i(h\boldsymbol{a}^*+k\boldsymbol{b}^*+l\boldsymbol{c}^*)\cdot(u\boldsymbol{a}+v\boldsymbol{b}+w\boldsymbol{c})]\\&=\exp[i2\pi(hu+kv+lw)]\end{aligned}$$

因为h,k,l,u,v,w均为整数，因此$hu+kv+lw$也为整数，因此有

$$\exp(i\boldsymbol{q}\cdot\boldsymbol{T})=1$$

从而得到函数的不变性：

$$\rho(\boldsymbol{r}+\boldsymbol{T})=\sum_q \rho_q \exp(i\boldsymbol{q}\cdot\boldsymbol{r})$$

倒易空间并不是一个客观实在的物理空间，而是对一个物理空间的数学变换。从上面的公式可以看出，倒易空间晶轴$\boldsymbol{a}^*$方向垂直于正空间的bc平面，且$\boldsymbol{a}^*$的长度等于$1/a$。倒易空间中任意矢量$\boldsymbol{q}=h\boldsymbol{a}^*+k\boldsymbol{b}^*+l\boldsymbol{c}^*$垂直于正空间中具有相同Miller指数的晶面$(hkl)$，且$q$的长度$q=2\pi/d_{hkl}$。通常把晶体结构称为正空间，而把晶体衍射称为倒易空间，因为晶体衍射花样是晶体倒易空间的映像。

1.1.4 晶体的衍射条件

当入射辐射线的波长同晶格常数相当或小于晶格常数时，在与入射束不同的方向上会出现衍射束。假设入射波为矢量$\boldsymbol{k}$，如图1-5所示，入射波k在原点O点和点B处散射波的行程差是$r\sin\varphi$，相角差(angular phase difference)为$2\pi r\sin\varphi/\lambda$，即$\boldsymbol{k}\cdot\boldsymbol{r}$。相似的，对于散射束相角差为$-\boldsymbol{k}'\cdot\boldsymbol{r}$。总相角差为$(\boldsymbol{k}-\boldsymbol{k}'\cdot\boldsymbol{r})=-\Delta\boldsymbol{k}\cdot\boldsymbol{r}$。对于距离为$r$的体积元，其散射束的相位差因子为$\exp[-i\Delta k\cdot r]$。

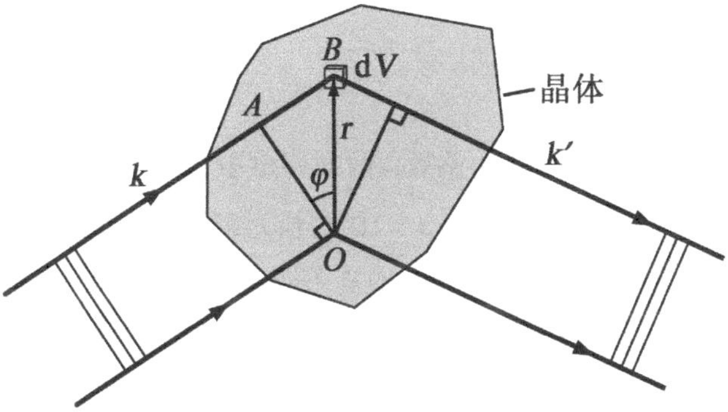

图 1-5 晶体衍射示意图

Figure 1-5 Schematic drawing of the diffraction by the incident beam $\boldsymbol{k}$

假定一个体积元散射的波振幅与该处电子密度成正比，则在$\boldsymbol{k}'$方向上的散射波总振幅与$\rho(\boldsymbol{r})\mathrm{d}V_r$同相位因子的乘积在整个晶体内的积分成正比。称该积分为散射振幅，即

$$F=\int\rho(\boldsymbol{r})\exp(-i\Delta\boldsymbol{k}\cdot\boldsymbol{r})\mathrm{d}V_r$$

其中，$\Delta\boldsymbol{k}$称为散射矢量。

将$\rho(\boldsymbol{r})$的傅里叶表达式代入该式，得

$$F=\sum_q\int\rho_q\exp\left(i(\boldsymbol{q}-\Delta\boldsymbol{k})\cdot\boldsymbol{r}\right)\mathrm{d}V_r$$

同样地，设有周期为a的一维点阵，$j\boldsymbol{a}$是全同的散射中心，则总的散射振幅与下式成比例：

$$F=\sum\exp(-i\Delta\boldsymbol{k}\cdot j\boldsymbol{a})$$

由级数公式

$$\sum_{j=0}^{J-1}x^j=\frac{1-x^J}{1-x}$$

代入F，得

$$F=\frac{1-\exp(-iJ\Delta\boldsymbol{k}\cdot\boldsymbol{a})}{1-\exp(-i\Delta\boldsymbol{k}\cdot\boldsymbol{a})}$$

散射强度I正比于$|F|^2$，即

$$I \propto |F|^2 = F^* \cdot F = \frac{\sin^2 \frac{1}{2} J \Delta \boldsymbol{k} \cdot \boldsymbol{a}}{\sin^2 \frac{1}{2} \Delta \boldsymbol{k} \cdot \boldsymbol{a}}$$

可以看到$\Delta \boldsymbol{k} \cdot \boldsymbol{a} = 2\pi h$时($h$为整数)，散射强度取极大值。取$|F|^2$对$\Delta \boldsymbol{k}$作图，得到图1-6。当一维点阵从10个晶胞($J=10$)增长为20个晶胞($J=20$)时，衍射极大值增高且半峰宽显著减少，当$\Delta \boldsymbol{k}$与任一倒易点阵矢量差距变大时，衍射强度便趋向于零。该结论对于三维晶体同样适用，当$\Delta \boldsymbol{k} = \boldsymbol{q}$时，散射振幅有极大值$F = V\rho_q$。

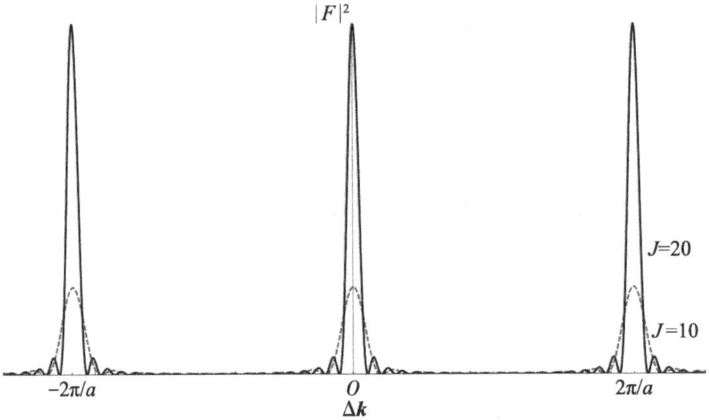

图1-6　一维点阵散射强度示意图

Figure 1-6　Schematic drawing of the scattering intensity of 1D lattice

对于弹性散射，入射束只改变方向而不改变能量，$k = k'$, $k^2 = k'^2$，衍射条件$\Delta \boldsymbol{k} = \boldsymbol{q}$可改写为

$$\boldsymbol{k} + \boldsymbol{q} = \boldsymbol{k}'$$

$$(\boldsymbol{k} + \boldsymbol{q})^2 = \boldsymbol{k}^2$$

$$2\boldsymbol{k} \cdot \boldsymbol{q} + q^2 = 0$$

用$-\boldsymbol{q}$替代$\boldsymbol{q}$，得

$$2\boldsymbol{k} \cdot \boldsymbol{q} = q^2$$

将$q = 2\pi / d_{hkl}$，代入上式，得

$$2\left(\frac{2\pi}{\lambda}\right)\sin\theta = \frac{2\pi}{d_{hkl}}$$

$$2d_{hkl}\sin\theta = \lambda$$

即得到了与布喇格方程 (Bragg’s law)同样的结果。

同时，若将$\Delta\boldsymbol{k}$与$\boldsymbol{q} = h\boldsymbol{a}^* + k\boldsymbol{b}^* + l\boldsymbol{c}^*$的三个矢量$\boldsymbol{a}^*, \boldsymbol{b}^*, \boldsymbol{c}^*$分别做内积，可以得到三个方程：

$$\Delta\boldsymbol{k}\cdot\boldsymbol{a}^* = 2\pi h,\ \Delta\boldsymbol{k}\cdot\boldsymbol{b}^* = 2\pi h,\ \Delta\boldsymbol{k}\cdot\boldsymbol{c}^* = 2\pi h$$

这三个方程说明$\Delta\boldsymbol{k}$同时位于以$\boldsymbol{a}^*, \boldsymbol{b}^*, \boldsymbol{c}^*$为轴的三个圆锥上，$\Delta\boldsymbol{k}$必须同时满足这三个方程才能发生衍射，这也是劳厄方程 (Laue equation) 的描述。

衍射的几何关系可以通过埃瓦尔德球 (Ewald sphere) 作图法来说明。埃瓦尔德球是一个与倒易空间原点O相交的虚拟球体，其半径为$2\pi/\lambda$。如图1-7所示，入射束用$\boldsymbol{k}$表示，其长度为$2\pi/\lambda$，且方向从埃瓦尔德球的球心A到倒易空间原点O。衍射束k'长度同样为$2\pi/\lambda$，方向为埃瓦尔德球的球心A到球面的另一点。由于产生衍射的条件为$\Delta\boldsymbol{k} = \boldsymbol{q}$，因此当$\boldsymbol{q} = h\boldsymbol{a}^* + k\boldsymbol{b}^* + l\boldsymbol{c}^*$的衍射强度范围与埃瓦尔德球面相交时，$hkl$晶面就会产生衍射。

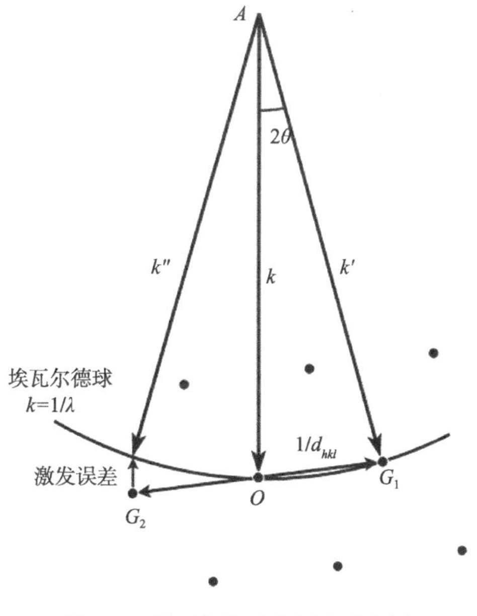

图 1-7 埃瓦尔德球作图法示意图

Figure 1-7 Schematic drawing of the Ewald sphere intercepted by the reciprocal lattice

1.2 透射电子显微学

相对于 X 射线来说，电子与物质的作用要强烈得多。当一束高能电子照射到薄的样品时，会产生众多的信号，如直接透射束 (direct beam)、弹性散射电子

(elastically scattered electrons)、非弹性散射电子 (inelastically scattered electrons)、二次电子 (secondary electrons)、背散射电子 (backscattered electrons)、特征 X 射线 (characteristic X-rays) 等 (图 1-8)。不同的信号可以用于样品不同性质的测试，如可以通过直接透射束和弹性散射电子来获得样品内部结构的信息，用二次电子来获得样品表面形貌的信息，用特征 X 射线来获得样品组成元素的信息等。

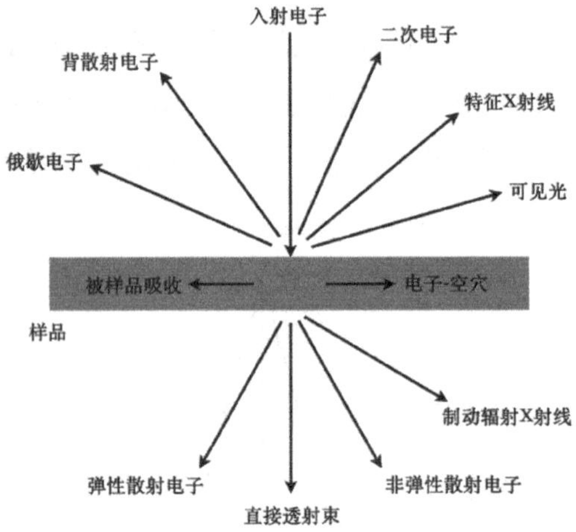

图 1-8　高能电子束入射到样品当中所产生的信号[4]

Figure 1-8　Signals generated with a high energy beam of electrons interacts with a thin specimen[4]

1.2.1　透射电子显微镜

透射电子显微镜(transmission electron microscopy, TEM) 的原理与光学显微镜非常相似，但光子被电子所代替，使用电磁透镜聚焦电子来成像。因为电子波长很小，因此 TEM 可以达到极高的分辨率和放大倍率，可以观察从埃 (Ångstrom, Å) 到微米级 (micron，μm)。 图 1-9 绘制了 TEM 物镜 (objective lens) 的示意图。电子束 (TEM 模式下一般为平行光) 穿过样品，与样品内部原子的电势相互作用下发生散射，散射光被物镜聚焦在物镜像平面生成一个实像 (正空间)，同时，这些散射光相互发生干涉后在物镜后焦平面生成衍射花样 (倒易空间)。因此，正空间和倒易空间的信息都可以通过 TEM 得到。

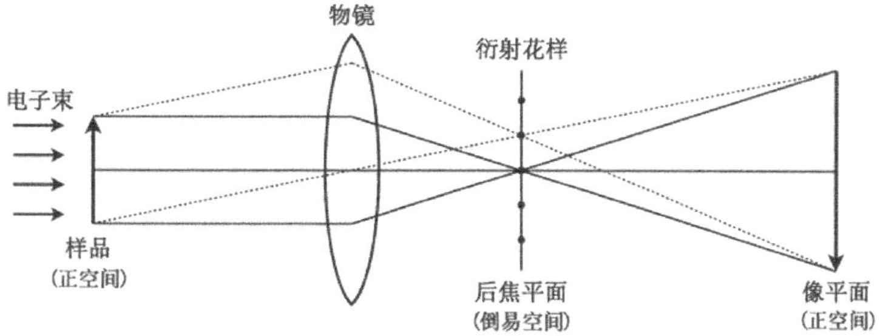

图 1-9 TEM 物镜成像光路示意图

Figure 1-9 Ray diagram showing the principle of the imaging process of TEM by objective lens

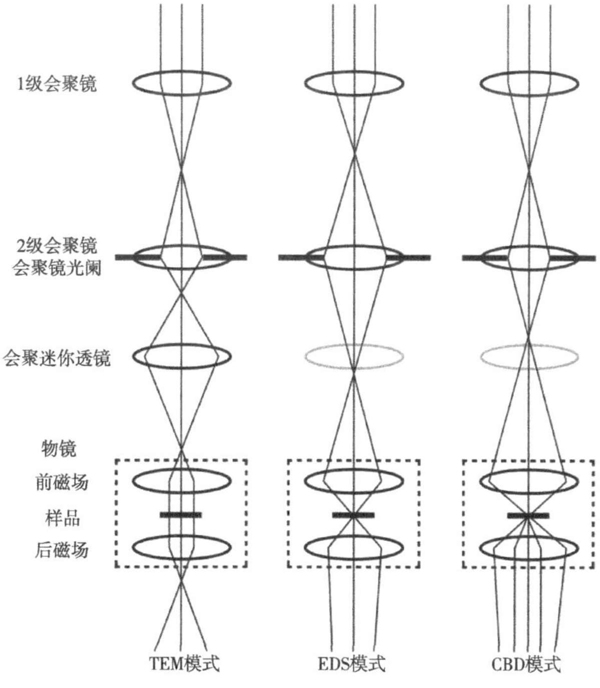

图 1-10 TEM 照明系统示意图

Figure 1-10 Illumination lens system of TEM

而在实际上,TEM 的光路复杂得多。图 1-10 是 TEM 照明系统 (illumination system) 的工作原理。高能电子由 TEM 顶部的电子枪发出,两级汇聚镜 (condenser lens) 和汇聚镜光阑 (condenser aperture) 可以调节电子束的照射角度和强度,而物镜是两个分别位于样品上方和下方的电磁透镜。对于日常使用的 TEM 模式和衍射模式来说,照射到样品的是平行电子束,而使用 EDS 模式 (energy dispersive

X-ray spectroscopy，X 射线能谱) 或者使用 CBD 模式 (convergent beam diffraction，会聚束衍射) 来说，照射到样品的是会聚电子束。EDS 模式下，通过样品侧上方的 X 射线检测器可以获得样品发出的特征 X 射线，从而确定样品的元素组成；而在 CBD 模式下，可以得到比普通电子衍射含有更加详细信息的盘状衍射花样。

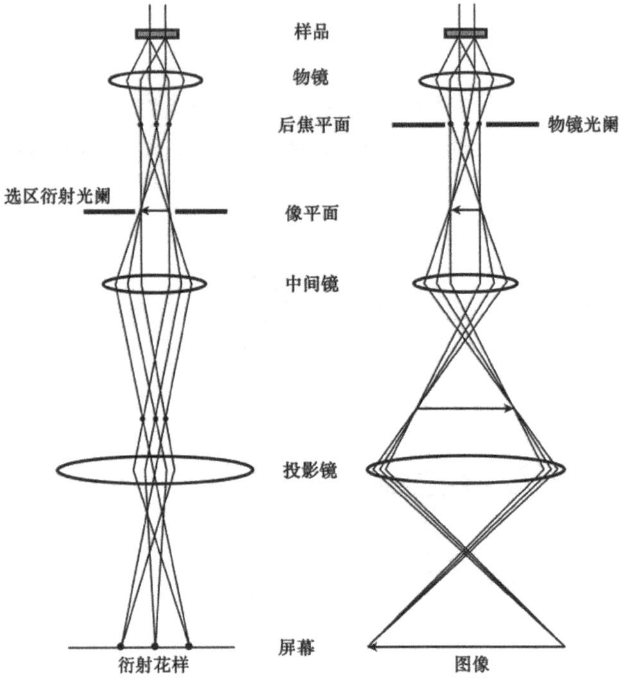

图 1-11　TEM 成像系统示意图[5]

Figure 1-11　Imaging system of TEM[5]

在样品下方是 TEM 的成像系统，如图 1-11 所示。在 TEM 模式下，平行电子束照射到样品之后，在物镜的后焦平面产生衍射花样，在物镜的像平面上生成样品的实像。通过调节下方中间镜 (intermediate lens) 的电流强度可以改变中间镜的物距，从而使得中间镜分别对衍射花样 (衍射模式) 和样品的实像 (成像模式) 进行成像，再通过下方的投影镜 (projector lens) 改变放大倍率并投影到屏幕上。在成像系统中有两个光阑：一个是物镜光阑 (objective aperture)，位于物镜后焦平面 (衍射花样) 上，可以选择衍射光来对样品进行成像；另一个是选区衍射光阑 (select area diffraction aperture)，位于物镜的像平面上，可以选择进行电子衍射的样品范围。从示意图中可以清楚地看到，电子衍射是一个样品所有部分的贡献，而成像则是样品相应部分的贡献。

衍射模式和成像模式是 TEM 最主要的两个工作模式，通过衍射模式，可以进行选区电子衍射 (select area electron diffraction，SAED)、汇聚束电子衍射 (convergent beam electron diffraction，CBED)、菊池线 (kikuchi line) 等的观测。而在成像模式下，可以利用高分辨透射电镜 (high-resolution transmission electron microscopy，HRTEM)，电子晶体学 (electron crystallography，EC) ，电子体层照相 (electron tomography，ET) 等技术来对样品进行研究。此外，样品的组成和结构还可以用特征 X 射线进行 X 射线能谱分析 (energy dispersive X-ray spectroscopy，EDS) 和利用非弹性散射的电子进行电子能量损失谱 (electron energy loss spectroscopy，EELS) 分析。

1.2.2 电子衍射和结构因子

运动学衍射 (kinematical diffraction) 是指每一个 X 射线光子、电子或者中子被检测之前在晶体当中只进行一次散射。由于电子与物质的强烈作用，电子在晶体内都可能发生多次散射，形成动力学衍射 (dynamical diffraction)，在动力学衍射下，本应该消光的衍射点可能会出现，从而得到错误的信息，因此电子衍射需要选取尽量薄的晶体来进行。拍摄电子衍射所对应正空间的晶向成为晶带轴 (zone axis)。

入射电子束被晶体中的电势 (electric potentia, 也叫静电势 electrostatic potential) 所作用从而发生弹性散射，电势 $\varphi(\boldsymbol{r})$ 跟电子密度函数 $\rho(\boldsymbol{r})$ 相关，由泊松方程 (Poisson’s equation)，有

$$\nabla^2\varphi(\boldsymbol{r}) = -\rho(\boldsymbol{r})/\varepsilon_0$$

其中，ε_0 为真空中介电常数。

因此，电势集中在原子的位置。如果含有 J 个原子的晶胞中在 $\boldsymbol{r}_j$ 处的第 j 个原子电势为 φ_j，那么在 $\boldsymbol{r}$ 处的总电势 $\varphi(\boldsymbol{r})$ 就可以表示为 φ_j 的总和，即

$$\varphi(\boldsymbol{r}) = \sum_{j=1}^{J}\varphi_j\left(\boldsymbol{r}-\boldsymbol{r}_j\right)$$

对 $\varphi(\boldsymbol{r})$ 作傅里叶变换得

$$\Phi(q) \equiv \mathscr{F}[\varphi(r)] = \frac{1}{V}\int_V \varphi(r)\exp[2\pi i(\boldsymbol{q}\cdot\boldsymbol{r})]\mathrm{d}V_r$$

其中，$\mathscr{F}$为傅里叶变换算符，$\boldsymbol{q} = h\boldsymbol{a}^* + k\boldsymbol{b}^* + l\boldsymbol{c}^*$ 为倒易空间矢量，$V = \boldsymbol{a}\cdot(\boldsymbol{b}\times\boldsymbol{c})$ 为晶胞体积。

记 $\Delta\boldsymbol{r} = \boldsymbol{r} - \boldsymbol{r}_j$，上述方程可以写为

$$\Phi(\boldsymbol{q}) = \frac{1}{V}\sum_{j=1}^{J}\exp\left[2\pi i(\boldsymbol{q}\cdot\boldsymbol{r}_j)\right]\int_V \varphi(\Delta\boldsymbol{r})\exp\left[2\pi i(\boldsymbol{q}\cdot\Delta\boldsymbol{r})\right]\mathrm{d}V_r$$

定义 $f_j(\boldsymbol{u})$ 为第 j 个原子的原子散射因子 (atomic scattering factor)，即

$$f_j(\boldsymbol{q}) = \frac{2\pi me}{h^2}\int_V \varphi(\Delta\boldsymbol{r})\exp\left[2\pi i(\boldsymbol{q}\cdot\Delta\boldsymbol{r})\right]\mathrm{d}V_r$$

其中，h 为普朗克常量；m 和 e 为电子的相对质量和电量。XRD 的原子散射因子 $f_x(\boldsymbol{q})$ 可以在国际晶体学表中查到[6]。电子衍射的原子散射因子 $f_e(\boldsymbol{q})$ 可以通过莫特公式 (Mott formula) 通过 $f_x(\boldsymbol{q})$ 求得：

$$f_e(\boldsymbol{q}) = \frac{e\left[Z - f_x(\boldsymbol{q})\right]}{4\varepsilon_0\pi^2\boldsymbol{q}^2}$$

将 $f_j(\boldsymbol{q})$ 代入 $\Phi(\boldsymbol{q})$，得

$$\Phi(\boldsymbol{q}) = \frac{h^2}{2\pi meV}\sum_{j=1}^{J} f_j(\boldsymbol{q})\exp\left[2\pi i(\boldsymbol{q}\cdot\boldsymbol{r}_j)\right]$$

晶体的结构因子定义为

$$F(\boldsymbol{q}) = \sum_{j=1}^{J} f_j(\boldsymbol{q})\exp\left[2\pi i(\boldsymbol{q}\cdot\boldsymbol{r}_j)\right] = \frac{2\pi meV}{h^2}\Phi(\boldsymbol{q})$$

因为衍射强度为

$$I(\boldsymbol{q}) \propto \left|F(\boldsymbol{q})\right|^2 \propto \left|\Phi(\boldsymbol{q})\right|^2$$

因此当晶体结构已知时，原子位置确定，晶体的结构因子可以很方便地被计算出来，从而得到衍射强度的信息。反过来，当结构未知的时候，也可以通过衍射强度得到结构因子，然后通过反向傅里叶变换得到晶体的电势分布，从而解析结构：

$$\varphi(\boldsymbol{r}) = \mathscr{F}^{-1}\left[\Phi(\boldsymbol{q})\right] = \sum_{\boldsymbol{q}}\Phi(\boldsymbol{q})\exp\left[-2\pi i(\boldsymbol{q}\cdot\boldsymbol{r})\right]$$

$$= \frac{h^2}{2\pi meV}\sum_{\boldsymbol{q}} F(\boldsymbol{q})\exp\left[-2\pi i(\boldsymbol{q}\cdot\boldsymbol{r})\right]$$

因此，在解析晶体结构过程中，获取结构因子是关键。结构因子既包含振幅 (amplitude)信息，又包含相位 (phase) 信息：

$$F(\boldsymbol{q}) = \left|F(\boldsymbol{q})\right|\exp\left[i\Phi(\boldsymbol{q})\right]$$

在运动学衍射条件下，根据弗里德尔定律 (Friedel’s law)，有

$$|F(\boldsymbol{q})|^2=|F(-\boldsymbol{q})|^2, \Phi(\boldsymbol{q})=-\Phi(-\boldsymbol{q})$$

$\boldsymbol{q}$ 和 $-\boldsymbol{q}$ 为中心对称的相关衍射，一对 (hkl) 和 ($\sum h \sum k \sum l$) 衍射对称为弗里德尔对 (Friedel pairs)。对于中心对称的结构，如果原点取对称中心，则相位 $\Phi(\boldsymbol{q})$ 只能为 0 或 π，而由于弗里德尔定律，衍射花样始终为中心对称。

1.2.3 高分辨透射电镜 (HRTEM) 和衬度传递函数 (CTF)

HRTEM 照片是含有样品结构信息，能达到原子级别分辨率的相位衬度 (phase contrast) 照片。相位衬度像是由衍射束和直接透射束通过相互干涉在物镜的像平面形成的。当入射的平行电子束经过样品进行弹性散射后，出射电子束既包含振幅的信息也包含相位的信息。但是透射电镜的分辨率不仅取决于电子的波长，还取决于物镜的像差 (aberration)。因为物镜并不是一个完美透镜，有像散 (astigmatisms)、球差 (spherical aberrations，C_s)、色差 (chromatic aberrations，C_c) 等，通过衬度传递函数 (contrast transfer function，CTF) 影响图像的质量。如果样品是均匀的一薄层，可以应用弱相位物体近似理论 (weak phase object approximation, WPOA)，透射束波函数的振幅将与样品的投影面势能线性相关，晶体结构因子的振幅与图像经傅里叶变换的衍射点振幅成正比。图像的强度在正空间为

$$I_{\text{image}}(\boldsymbol{xy})=1+2\sigma N_z T(\boldsymbol{xy})\Phi(\boldsymbol{xy})$$

对图像进行傅里叶变换得到倒易空间投影强度为

$$I_{\text{image}}(\boldsymbol{q})=\delta(\boldsymbol{q})+2\sigma N_z T(\boldsymbol{q})\Phi(\boldsymbol{q})=2\frac{\lambda t}{V}T(\boldsymbol{q})F(\boldsymbol{q})$$

其中，$\Phi(\boldsymbol{xy})$ 和 $\Phi(\boldsymbol{p})$ 分别为正空间和倒易空间的投影面势能；$T(\boldsymbol{xy})$ 和 $T(\boldsymbol{u})$ 为正空间和倒易空间的衬度传递函数 (Contrast Transfer Function, CTF)；$F(\boldsymbol{u})$ 是结构因子；N_z 是投影面的周期；σ 是作用常数。

HRTEM 图像的衬度跟 CTF 函数直接相关，CTF 函数为

$$T(\boldsymbol{q})=D(\boldsymbol{q})\sin\left[\chi(\boldsymbol{q})\right]$$

其中，$\chi(\boldsymbol{q})$ 为物镜导致的相位转变；$D(\boldsymbol{q})$为包络函数使得CTF函数收敛。对于倒易空间矢量$\boldsymbol{q}$来说，$D(\boldsymbol{q})$为

$$D(\boldsymbol{q})=A(\boldsymbol{q})\exp\left[-\frac{1}{2}\pi^2\Delta^2\lambda^2\boldsymbol{q}^4\right]\exp\left[-\pi\alpha^2\boldsymbol{q}^2\left(f+C_s\lambda^2\boldsymbol{q}^2\right)^2\right]$$

式中，Δ 为因电子不完全相干作用引发的焦距扩散的半峰宽；α 是电子束放射角；f 是欠焦量；C_s 是物镜的球差；$A(\boldsymbol{q})$是物镜光阑函数，当 $\boldsymbol{q}$ 在物镜光阑之内时，$A(\boldsymbol{q})=1$，否则 $A(\boldsymbol{q})=0$。

$\chi(q)$ 同时取决于物镜的球差和欠焦量：

$$\chi(\boldsymbol{q})=\pi f\lambda\boldsymbol{q}^2+\frac{1}{2}\pi C_s\lambda^3\boldsymbol{q}^4$$

若 $\boldsymbol{T}(\boldsymbol{u})$ 为负值，则在 HRTEM 图像上，势能为正的部分衬度为黑，势能为零的部分衬度为白色，即原子位置为黑色；如果 $T(\boldsymbol{u})$ 为正值，则衬度变为相反。一般来说，HRTEM 在稍微欠焦 (under focus) 的情况下拍照，由于函数 sin [$\chi(q)$] 在很大的 $\boldsymbol{q}$ 值范围内具有不同的符号，造成图像衬度非常复杂混乱，因此需要找到一个欠焦量使得在很大的 $\boldsymbol{q}$ 范围内 sin [$\chi(q)$] 具有相同的符号，这个最佳值叫做 Scherzer 欠焦量，计算公式为

$$f_{\text{Scherzer}}=-\sqrt{\frac{4C_s/\lambda}{3}}$$

对于 300kV 加速电压 LaB_6 电子枪的 TEM，其 $\lambda=0.00197$nm，$C_s=0.6$mm，则其 Scherzer 欠焦量为 −40nm。相应的分辨率为

$$r_{\text{Scherzer}}=0.66C_s^{\frac{1}{4}}\lambda^{\frac{3}{4}}$$

在上式中代入 $\lambda=0.00197$nm，$C_s=0.6$mm，得到其分辨率为 1.7Å。

将 LaB_6 型 300 kV TEM 在不同欠焦量的 CTF 曲线绘制为图 1–12，可以看到，欠焦过大会造成 CTF 与 x 坐标轴有很多交点，使得图像在不同 $\boldsymbol{q}$ 值范围内有完全相反的衬度，图像变得非常复杂，对材料的结构解析变得非常困难；如果在过焦情况下拍摄 HRTEM 照片，则会得到和欠焦具有相反衬度的图像，同时也会在不同 $\boldsymbol{q}$ 值范围内有完全相反的衬度；只有在 Scherzer 欠焦量下，在很大范围内 $T(\boldsymbol{u})$ 均为负值且接近于 −1，有着最强的衬度，且在 CTF 曲线和 x 坐标轴的第一个交点达到 TEM 的最高分辨率。因此，在拍摄 HRTEM 照片时，找到合适的欠焦量是非常重要的。

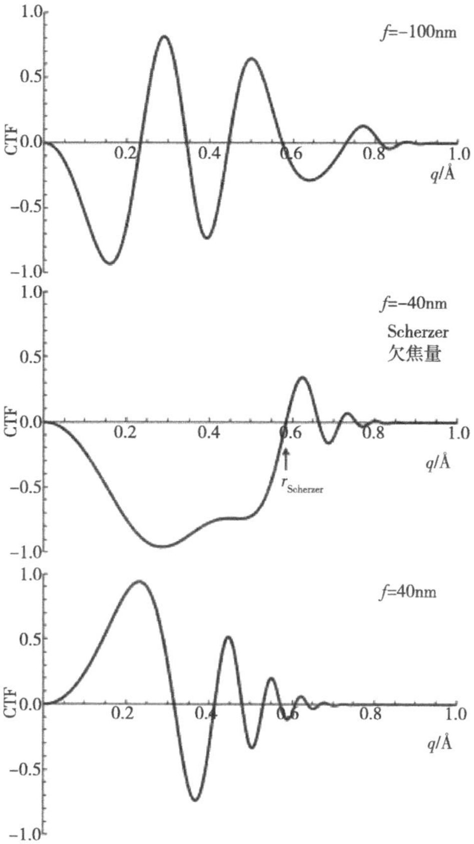

图 1-12 不同欠焦量下的 CTF 曲线

Figure 1-12 CTF at different defocus value

1.3 自组装、介孔晶体与生物矿化

自组装 (self-assembly)，是指在无序系统、在没有外部干预的情况下，由系统内的构成单元产生自发、可逆、非共价的相互作用，从而组成紧密而有序的高级结构的过程，是一种整体的复杂协同作用。这种非共价作用可以是氢键作用、范德瓦尔斯力、$\pi-\pi$ 作用、亲水或疏水作用、毛细作用，或配位作用。因为自组装体系提供了自下而上、可控制的方法组装原子或分子成为有序的高级结构，可以通过简单的方式合成功能材料、制作微型机器及了解生命科学中机体内复杂的相互作用和机制，因此自组装技术在物理学、化学、材料科学、生命科学都引起了广泛的关注。

近年来，有机–无机自组装的多孔材料和生物矿化过程成为多学科交叉研究的热点领域之一。

1.3.1 多孔材料概述

根据国际纯粹与应用化学联合会 (IUPAC) 的定义[7]，纳米尺度多孔材料可按照孔径大小分类为：孔径小于 2nm 的为微孔材料；孔径大于 50nm 的纳米多孔材料称为大孔材料；而孔径介于 2～50nm 的为介孔晶体。

天然或人工合成的沸石分子筛是微孔材料的典型代表，具有不同拓扑结构的网状结晶骨架，其组成多为硅铝酸盐。因为沸石的水热稳定性很高，并且在孔道表面往往带有很多酸性的活性位点，因此在石油化工和催化领域都有着广泛的应用。

相对于传统的微孔材料如沸石分子筛，介孔材料较大的孔径有利于大尺寸客体分子或者基团进入孔道，因此在吸附、分离、色谱、传感器、催化方面都有着更加广阔的应用前景。广义上说介孔材料包括无机干凝胶 (如常用的氧化硅类干燥剂) 、柱撑黏土和介孔分子筛。前两者孔结构无规则，孔径分布宽，而在立体选择性吸附、脱附及择形催化等方面存在严重的局限性。所以，制备孔径均一且高度有序的介孔材料一直是化学和材料研究领域梦寐以求的。

在 20 世纪 90 年代初，早稻田大学的 Kuroda 课题组[8] 和 Mobil 公司的 Kresge 和 Beck 等人[9,10] 分别报道了孔径在 2～10nm 范围内可调的有序孔道介孔材料，并成为一个迅速发展起来的研究领域。Kuroda 等人所采用的方法是利用具有季铵盐头部的阳离子表面活性剂去撑开层状硅酸盐的方法来获得大孔径的介孔晶体 (Folded Sheet Materials，FSM–*n*) ，而 Mobil 科学家的方法则更加简便、普适。他们利用烷基季铵盐阳离子表面活性剂为结构导向剂 (模板) ，通过有机–无机组分在溶液中的自组装作用，成功地合成出孔径在 1.5～10nm 范围内可变调的新型 M41S 系列氧化硅 (铝) 基有序的介孔材料，包括二维六方相的 MCM–41、立方相双连续孔道的 MCM–48 及层状结构的 MCM–50 三种类型。美孚科学家的方法得到了广泛认同，使得有序介孔材料成为一个快速增长的研究领域。

因为介孔晶体具有很多优良特性，如高度有序的孔道结构；介孔结构可控；孔径分布狭窄且尺寸可调；较大的孔隙率和比表面积 (可达 $1000m^2/g$) ；可以使用不同材料构建骨架结构并且可以用有机基团修饰；可以合成具有不同形状的介孔晶

体 (纳米到微米级的外形，或囊泡等形貌) 。介孔晶体的独特性质使得它们在大分子尤其是生物分子，如蛋白质、酶的吸附和分离、化学传感器、生物医学、药物控制释放、化工催化、环境保护等领域展现出传统沸石分子筛无法比拟的优越性和广阔的应用前景。目前介孔晶体科学已经成为国际上跨化学、物理、材料等多学科的热点前沿领域之一，有关它们的合成方法、合成机理、实际应用等方面的研究已经取得了丰硕的成果。

1.3.2 介孔晶体的合成

表面活性剂是一种能够让溶液的表面张力下降的物质。一般来说，表面活性剂是具有亲水基团与疏水基团的两亲性分子，当表面活性剂在溶液中的浓度超过某一临界值，表面活性剂分子或离子就会在溶液中形成聚集体，称为胶束 (micelle) ，形成胶束的浓度称为临界胶束浓度 (Critical Micelle Concentration，CMC) 。

典型的介孔晶体的合成体系由表面活性剂、构成介孔晶体骨架的无机物种和溶剂组成。最常用的方法是水热合成，合成的一般过程为：①生成比较柔顺、松散的表面活性剂和无机物种的复合产物；②无机物种间不断缩聚，提高复合产物结构的稳定性；③焙烧或溶剂萃取除掉复合产物中表面活性剂后得到类似液晶结构的无机多孔骨架，即介孔晶体。

Mobil 公司 Kresge 和 Beck 等人在解释 M41S 介孔晶体的形成时提出了液晶模板机理 (Liquid Crystal Templating)[10]。其根据是介孔晶体的 TEM 及 XRD 结果与表面活性剂的溶致液晶相非常相近。图 1-13 为该机理的示意图，首先表面活性剂在溶液中形成胶束，并规则排列成为具有六方结构的液晶相。加入硅源后，无机物沉积在胶束的周围，从而形成以液晶相为模板的高度有序的有机/无机复合物 (途径①)。该机理在有序介孔晶体的合成中引入了“模板”的概念，这一概念被研究者广泛接受，并在此基础上发展出一些其它的理论。实际上，在 M41S 介孔晶体形成过程中，表面活性剂浓度远远低于形成液晶相的最低浓度，即在加入硅源之前，液晶相并没有形成条件。这说明介孔晶体的形成并不依赖于表面活性剂在水中预形成的液晶相。因此他们又提出了另外一种可能的反应途径即协同作用机理：硅源物质的加入导致它们与表面活性剂胶束一起，通过自组装作用而形成六方有序结构 (途径②)。

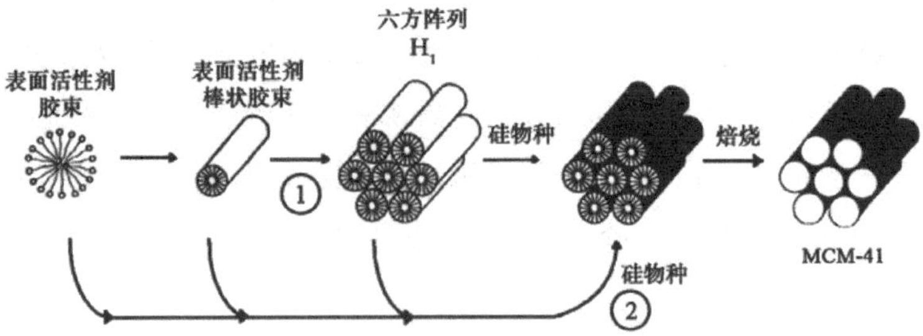

图 1-13 Mobil科学家提出的介孔晶体形成机理[10]

Figure 1-13 A scheme for the synthesis mechanism of SMCs proposed by Mobil scientists[10]

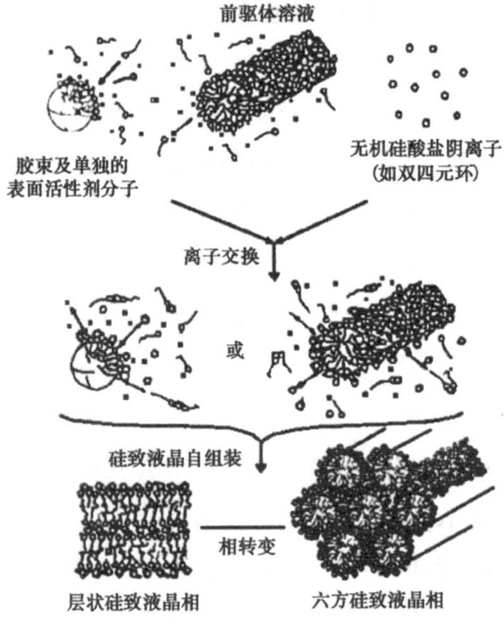

图 1-14 协同自组装机理示意图[15]

Figure 1-14 A scheme for the cooperative formation mechanism[15]

Davis 等人的棒状自组装机理[11,12]和 Stucky 等人的协同自组装机理[13,14]更加完善了 Mobil 提出的协同作用机理，而 Stucky 等人的理论被人们广泛接受。Stucky 等人协同自组装机理的提出最早是基于介孔晶体合成中发生的层状相向六方相转变的现象[15]。如图 1-14 所示，该机理认为无机和有机分子物种之间协同合作生成三维有序的排列结构。多聚的硅酸盐离子与表面活性剂发生离子交换作用，在界面处无机物种进行富集，从而形成有机-无机的复合结构体。该复合结构体进行自组装，形成溶致液晶的组装体。无机物种和有机物种之间的电荷匹配控制表面活性剂的排列方式。反应的进行将改变无机层的电荷密度，为了保持电荷密度的匹配，该有机–无机的固相复合物的结构也将随之改变。最终形成的物相由反应进行的程度和表面活性剂的排列情况决定。

Israelachvili 等人提出的表面活性剂的堆积参数 g[16]可以很好地描述表面活性剂的堆积并有效预测介孔晶体的介观相。表面活性剂堆积参数的定义是 $g=V/a_0l$，其中 V 是表面活性剂的链及链间的助溶剂所占的总体积，a_0 是表面活性剂极性头的有效面积，l 是表面活性剂的动力学链长，如图 1–15 所示。根据表面活性剂堆积参数的定义，g 值的大小直接影响到表面活性剂的堆积形式。当 g=1/3 时，表面活性剂具有最高的曲率，形成球状胶束，导向生成笼状介孔结构。当 g=1/2 时，表面活性剂形成管状胶束，导向生成二维直筒状介孔结构。当 g =2/3 时，表面活性剂导向生成双连续立方相。当 g = 1 时，表面活性剂形成层状胶束，具有最低的曲率，导向生成层状介孔结构。

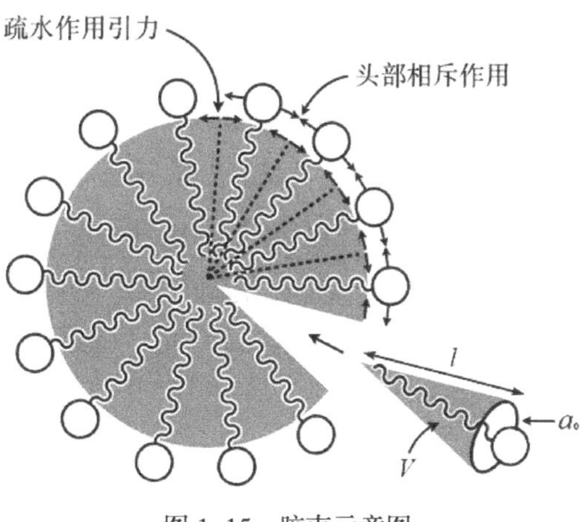

图 1–15　胶束示意图

Figure 1–15　Schematic drawing of a micelle

在溶致液晶中，表面活性剂在不同的浓度、温度条件下可以形成不同的液晶相。图 1–16 是典型表面活性剂在 Kraft 点 (表面活性剂溶解度等于 CMC 的温度) 以上的溶致液晶相相图。随着表面活性剂浓度上升，分别得到表面活性剂单体、孤立胶束、球状胶束立方结构、二维柱状胶束结构、双连续胶束立方结构和层状结构。

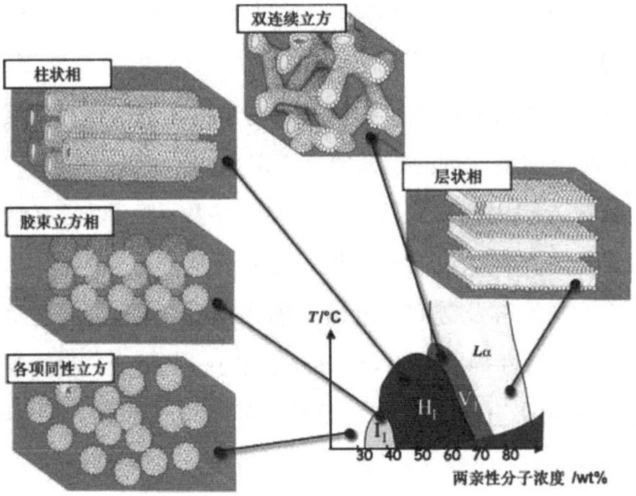

图 1-16　表面活性剂溶致液晶相图

Figure 1-16　A schematic phase diagram in lyotropic system

一般来说，介孔晶体合成一方面取决于表面活性剂的排列，另一方面取决于表面活性剂和无机物种 (硅源) 之间的电荷匹配。通过使用不同的表面活性剂和不同的合成方法，可以合成出众多介孔晶体。

表面活性剂根据亲水基团性质不同主要分为四类：①阴离子型 (S^+)，具有带负电的极性基团，常用的有羧酸类、磷酸类、硫酸类、磺酸类等；②阳离子型 (S^-)，主要是季铵盐类，如十六烷基三甲基溴化铵 (CTAB) 等；③非离子型 (S^0)，极性基团不带电，最常见的为聚氧乙烯-聚氧丙烯共聚物 (PEO-PPO)、三嵌段共聚物 (PEO-PPO-PEO)、烷基聚醚[如 Brij-56 ($C_{16}H_{33}O(EO)_{10}$]等；④两性型，同时带有带正电和带负电的极性基团。

各种不同类型的表面活性剂可以通过以下几种与无机物种的作用方式形成高度有序的介孔晶体(图 1-17)：①使用阳离子表面活性剂作为模板剂，可以通过 S^+I^- 和 $S^+X^-I^+$ 的方法来进行合成。在碱性、中性或弱酸性条件下(pH＞二氧化硅等电点)，无机硅物种带负电荷，可与阳离子表面活性剂发生静电相互作用以 S^+I^- 的方式形成介观结构。在强酸性条件下(pH＜二氧化硅等电点)，无机硅物种带正电荷，可在盐存在的条件下通过反离子 X^- 与阳离子表面活性剂发生 $S^+X^-I^+$ 静电相互作用。以这两种途径合成的典型的介孔晶体包括 M41S，SBA-1、SBA-2、SBA-3、SBA-7 等[17-20]。②使用非离子表面活性剂时，可以通过 S^0I^0，$(S^0H^+)X^-I^+$ 这两类作用方式来进行合成。在 S^0I^0 途径中，中性表面活性剂与中性的无机物种可以通过氢键结合在一起。如果在强酸性介质中，非离子表面活性剂的亲水基团首先与氢离子结合而带正电荷，即 (S^0H^+)，然后再通过 $(S^0H^+)X^-I^+$ 作用进行组装。这类材料主要包括 SBA-11、SBA-12、SBA-15、SBA-16、FDU-1、FDU-5、FDU-12、KIT-5、KIT-6 等[21-29]。③使用阴离子表面活性剂合成时，可以使用 S^-I^+，$S^-X^+I^-$ 途径。在酸性条件中，无机硅物种带正电，可与带负电的阴离子表面活性剂发生 S^-I^+ 的相互作用；在碱性条件中，无机硅物种带负电，无机离子与阴离子表面活性剂通过金属对离子发生 $S^-X^+I^-$ 的相互作用。但是，在实际合成中，因为阴离子表面活性剂和无机物种之间的作用力太弱，这两条途径都只能合成出无序或层状结构，不能合成有序的介孔晶体。

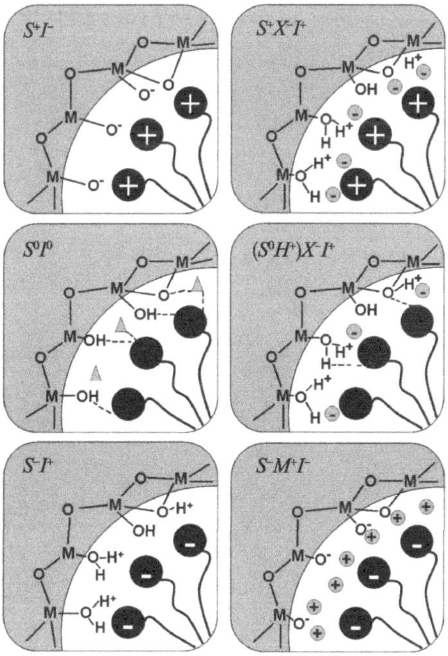

图 1-17 不同表面活性剂与无机物种之间作用示意图[30]

Figure 1-17 Interactions between inorganic species and various surfactants in the formation of SMCs[30]

为了解决阴离子表面活性剂介孔晶体的导向问题，Che 等人在介孔晶体的合成中引入了共结构导向剂 (co-structure directing agent，CSDA) 的概念。这种共结构导向剂包括含氨基的硅源 (如3–氨丙基三甲氧基硅烷，APS) 或含季铵盐的硅源 (如*N* – 三甲氧基硅丙基 – *N,N,N* – 三甲基氯化铵，TMAPS) 两大类。CSDA 的氨基或季铵离子与阴离子表面活性剂发生静电相互作用，硅氧烷部分则与无机源进行共缩聚形成硅壁，使得阴离子表面活性剂这一类廉价表面活性剂能够导向合成出一系列高度有序的介孔晶体 AMS–*n*，[31-39]其机理如图 1–18 所示。在该体系中，介孔结构可以通过表面活性剂和 CSDA 共同控制，目前通过不同的反应条件，该介孔晶体家族已发展出从 AMS–1 到 AMS–10 的具有不同结构和不同形貌的典型材料，包括四方结构 (空间群 $P4_2/mnm$)、立方紧密堆积 (空间群 $Fm\Sigma 3m$)、六方紧密堆积 (空间群 $P6_3/mmc$)、笼状立方（空间群 $Pm\Sigma 3n$，$Fd\Sigma 3m$），二维柱状相 (平面群 $p6mm$，$p2gg$)、双连续立方相 (空间群 $Ia\Sigma 3d$，$Pn\Sigma 3m$) 和层状结构等。CSDA 途径合成介孔晶体可被扩展到阳离子表面活性剂的介孔晶体合成体系。在阳离子表面活性剂体系中，采用带负电荷的硅源作为共结构导向剂，也可以实现高度有序介孔晶体的形成[40-43]。

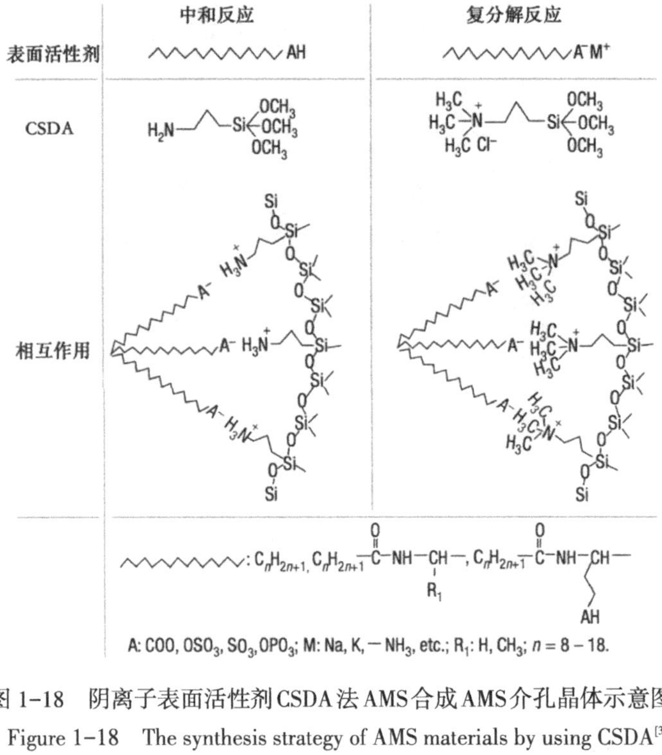

图 1–18　阴离子表面活性剂CSDA法AMS合成AMS介孔晶体示意图[31]

Figure 1–18　The synthesis strategy of AMS materials by using CSDA[31]

1.3.3 介孔晶体的结构

到目前为止，已经合成出了众多具有不同结构的介孔晶体，根据它们孔道的几何特征，可以把它们分为以下几类。

（1）层状结构 (Lamellar, L，平面群 *p*2)

典型的层状介孔晶体是 MCM−50。这类材料是由层状胶束所构成的，其有机−无机组成呈层状排列，因此一般不具有热稳定性，去除表面活性剂后层状结构容易发生坍塌。

（2）二维柱状结构(Cylindrical，C，平面群*p6mm*，*c2mm*，*p2gg*，*p4mm*等)

这类结构是最为常见的介孔结构，组成是一维排列的柱状管道。这些柱状管道是由柱状胶束所形成的。一般来说，柱状胶束具有圆形的横截面，最为常见的结构是二维六方紧密堆积(平面群 *p6mm*)，典型的材料包括MCM−41、SBA−15、SBA−3、AMS−3 等。二维有心正交晶胞 (平面群 *c2mm*) 和二维简单正交结构 (平面群 *p2gg*) 可以在胶束横截面是椭圆的时候，分别通过使用 bola 型刚性链表面活性剂[44] 和使用带咪唑基团的阳离子表面活性剂 [45] 合成出来。在本章中，通过使用 DNA 作为模板自组装进行生物矿化，发现了一种非常罕见的二维四方结构。图 1−19 是这些二维柱状结构的对称元素和结构模型，对应的平面群为*p6mm*、*c2mm*、*p2gg* 和 *p4mm*。

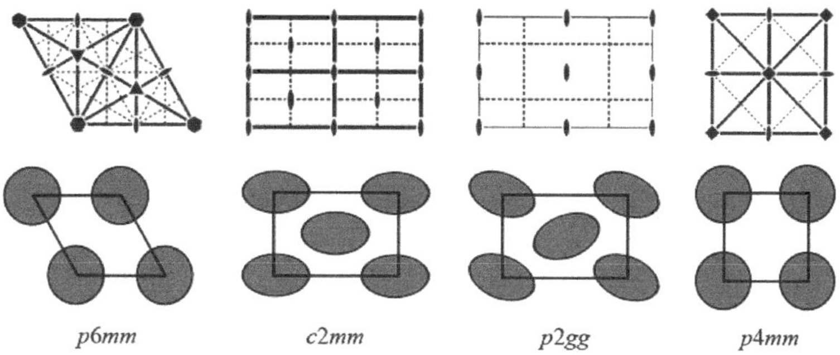

图 1−19 二维柱状结构的对称元素和结构示意图

Figure 1−19 Symmetry elements and schematic models of SMCs with plane groups *p6mm*, *c2mm*, *p2gg and p4mm*

（3）双连续结构 (空间群 $Ia\sum 3d$, $Pn\sum 3m$ 和 $Im\sum 3m$)

目前已经有三种具有双连续立方结构的介孔晶体被合成出来。双连续结构中通过一个连续的曲面分割了两套在拓扑上等同但又互不连通的孔道，其有机/无机界面曲率非常低，接近于层状，其平均曲率 (mean curvature) 为零。

MCM-48 是双连续立方介孔结构的第一个例子，它是由 Gyroid (简称 G) 曲面围成的，两套螺旋形的三维孔道被二氧化硅孔壁隔开，互为对映体且彼此互不连通。每个节点上存在 3 个分支管道，其空间群为 $Ia\sum 3d$。具有 G 结构的材料为 MCM-48、KIT-6、FDU-5、AMS-6 等。AMS-10 则是具有 Diamond (简称 D) 曲面的双连续立方介孔结构，空间群为 $Pn\sum 3m$，在 D 中，在每个节点上存在 4 个分支管道[36]。而 $Im\sum 3m$ 的双连续结构是由 Primitive (P) 曲面围成的，其结构特点是每个节点存在 6 个分支管道，Wiesner 等人最近也报道了双连续 P 结构[46]。这三种双连续结构示意图如图 1-20 所示。

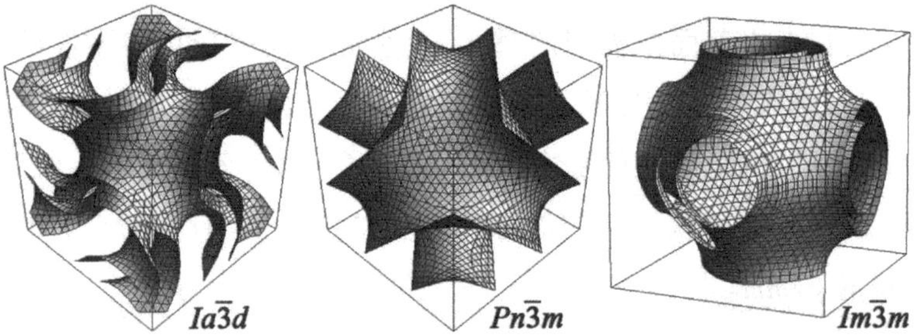

图 1-20　三种双连续立方介孔结构的示意图

Figure 1-20　Scheme drawing of three bi-continuous cubic mesostructures

（4）三连续结构 (空间群 $P6_3/mcm$)

最近，Ying 和 Zou 等人通过使用具有特殊结构的阳离子表面活性剂，合成出了一种具有三连续结构六方介孔晶体，其空间群为 $P6_3/mcm$。三套三维孔道被二氧化硅孔壁隔开，互相等同但彼此互不连通，每套孔道之间被六方最小表面 (hexagonal minimal surface) 所分割 (图 1-21) [47]。

（5）笼状结构 (空间群 $Fm\sum 3m$, $P6_3/mmc$, $Im\sum 3m$, $Pm\sum 3n$, $Fd\sum 3m$, $P4_2/mnm$ 等)

对于完美球体，使它们堆积成规则阵列同时使得堆积密度最大的堆积方式有两种：一种是立方紧密堆积 (cubic close-packed, CCP) 的面心立方结构 (face centered cubic, FCC)，另一种是六方紧密堆积 (hexagonal close-packed，HCP) 结构，这两种结构都能达到最大的堆积比率 0.74 (总体积中被球占据的体积比率)。CCP 是在二维平面上紧密堆积的单层球体在三维空间以 *A B C A B C* 方式进行层层堆积的结构，而 HCP 是以 *A B A B* 方式堆积的结构，堆积方向对于 CCP 来说是立方的＜111＞方向，对于 HCP 来说是六方的 [001] 方向 (图 1-22)。CCP 和 HCP 结构都含有两种不同的球间空隙，一种是被 6 个球所环绕的正八面体，另一种是被 4 个球环绕的正四面体。

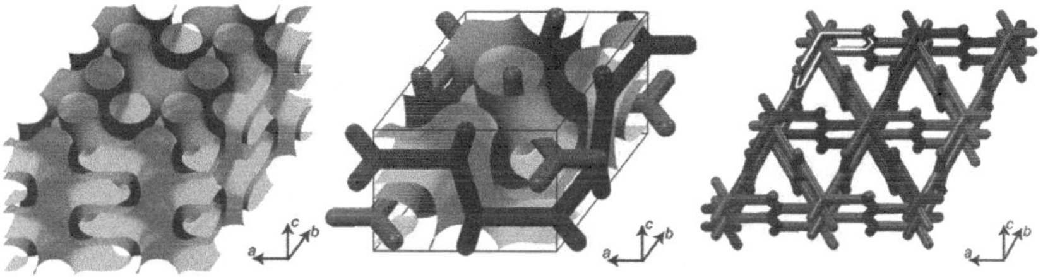

图 1-21　三连续介孔结构的三维重构和结构示意图[47]

Figure 1-21　Representations of the 3D tri-continuous mesoporous structure[47]

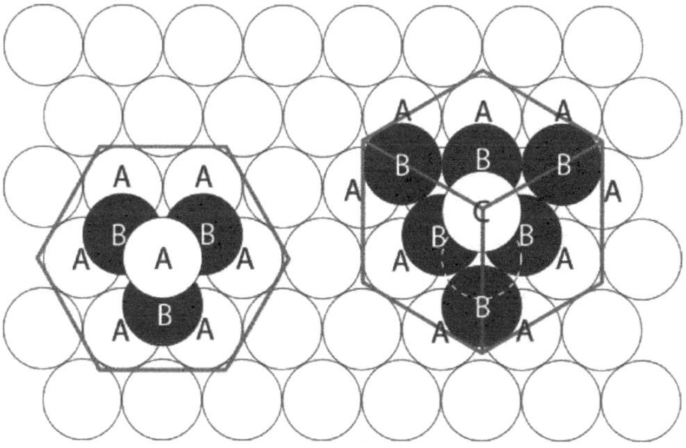

图 1-22　HCP 结构 (左) 和 CCP 结构 (右) 示意图

Figure 1-22　Schematic drawing of the HCP lattice (left) and the CCP lattice (right)

介孔晶体的笼状立方相是由球状胶束以不同的方式堆积而成的有序或无序结构，属于曲率比较高的介孔相 ($g = 1/3$)，球状胶束所占据的空间在焙烧或萃取之后形成空穴 (笼)，而球状胶束相连的地方 (笼与笼之间) 形成窗口。若将球状胶束近似成为完美球体 (硬球)，就可以形成具有 CCP 和 HCP 结构的介孔晶体。SBA-12

是一种典型的具有 CCP 结构的介孔晶体，球状胶束以 FCC 方式 (空间群 $Fm\Sigma 3m$) 堆积，另外还可以观察到 HCP 结构 (空间群 $P6_3/mmc$) 的共生。除此以外，绝大多数的硬球堆积结构都是 CCP 结构和 HCP 结构的共生，因为 CCP 和 HCP 具有非常相似的能量，很难将其区分。但是，在极低的浓度下通过使用具有两个季铵头的双子型 (Gemini) 阳离子表面活性剂可以合成出纯的 CCP 结构[40,48]。图 1-23 显示了 CCP 结构 (空间群 $Fm\Sigma 3m$) 的结构示意图和三维重构结果。

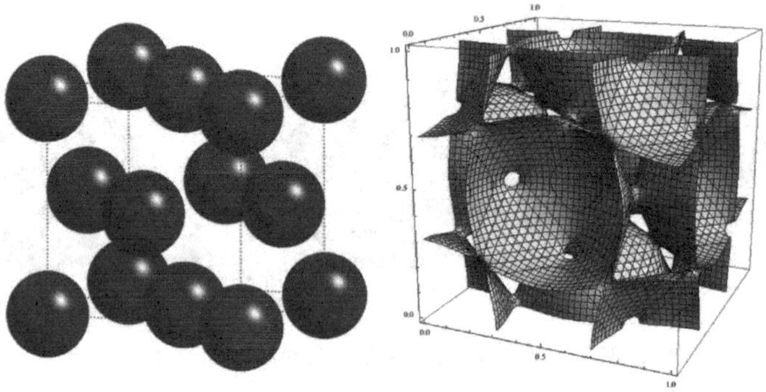

图 1-23　CCP 结构 (空间群 $Fm\Sigma 3m$) 的结构示意图和三维重构结果

Figure 1-23　Schematic drawing and 3D representation of the $Fm\Sigma 3m$ structure

笼状体心立方相也是一种常见的立方结构，其空间群为 $Im\Sigma 3m$，典型的材料是 SBA-16。该结构中笼的形状也是高度球状，仍为硬球堆积结构，在 SBA-16 中，每一个笼与 8 个相邻的笼相连，笼的排列呈体心立方。同时，该对称性也出现于双连续立方相中，由此可见仅靠 XRD 很难对介孔晶体的确切结构进行判断。该介孔结构的结构示意图和三维重构模型如图 1-24 所示。

以上的介孔结构都是由单一大小的球状胶束构成的，在介孔晶体家族中，还有一类笼状材料具有不同大小的笼，如 SBA-1 (空间群 $Pm\Sigma 3n$) 和 AMS-8 (空间群 $Fd\Sigma 3m$)，都具有两种不同大小的笼。在这两种结构中，只有一种被 4 个笼环绕的正四面体间隙，所以这种结构是一种正四面体密堆积结构 (tetrahedrally close-packed, TCP) 。TCP 结构是由面积最小化效应 (area-minimizing effect) 形成的。Miyasaka 等通过对不同介孔结构进行电子晶体学研究表明，这些 TCP 结构的硅壁表面高斯曲率 (Gaussian curvature) 基本都为负 (马鞍形)，只有在窗口部分为正 (球形)，但是 CCP/HCP 结构的高斯曲率基本都为正[49]。图 1-25 显示了空间群

Pm∑3*n* 和 *Fd*∑3*m* 介孔晶体的结构模型和三维重构结果。

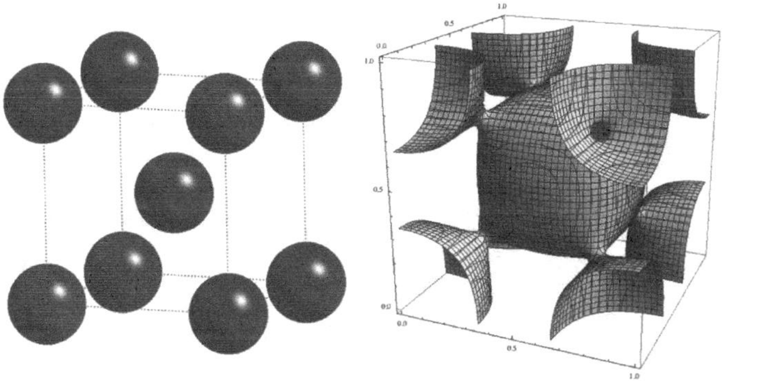

图 1-24 笼状 *Im*∑3*m* 结构示意图和三维重构结果

Figure 1-24 Schematic drawing and the 3D representation of the *Im*∑3*m* structure

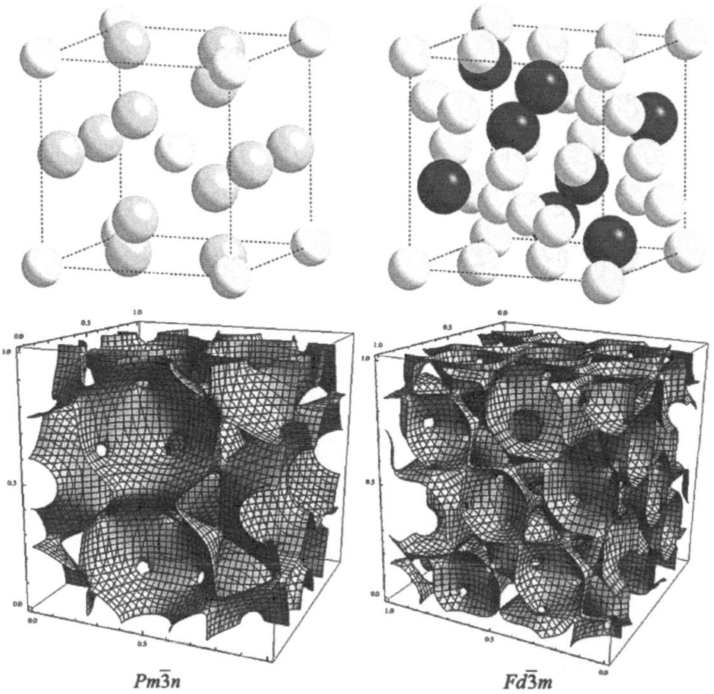

图 1-25 具有空间群 *Pm*∑3*n* 和 *Fd*∑3*m* 的介孔结构的结构模型和三维重构结果

Figure 1-25 Scheme drawing and 3D representation of the *Pm*∑3*n* structure and the *Fd*∑3*m* structure

AMS-9 是一种笼状四方相，其空间群为 $P4_2/mnm$，这种结构非常复杂，在一个晶胞中有五个不同的晶体学位置和三种具有不同尺寸的介孔笼 (图 1-26)[32]。

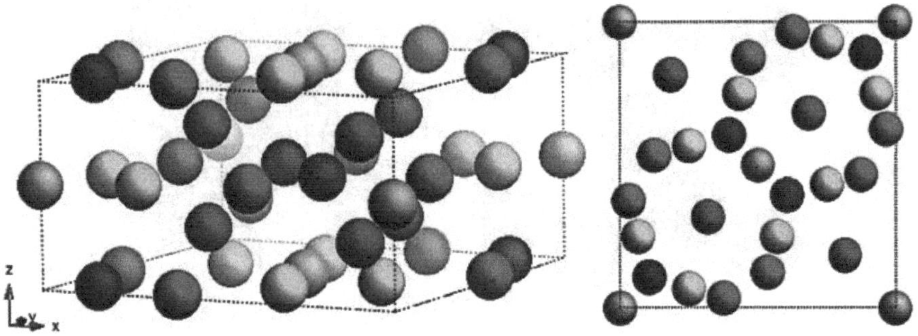

图 1-26　AMS-9 的结构模型[32]

Figure 1-26　Model of the arrangement of cages in AMS-9[32]

(6) 手性介孔晶体

在 AMS 体系中，通过使用具有手性亲水基团的阴离子表面活性剂，可以合成出具有手性螺旋形貌的介孔晶体。这种手性介孔晶体具有螺旋的六方棒状形貌和扭转的二维六方孔道排列，而且手性孔道的螺旋方向与晶体外貌的螺旋方向一致 (图 1-27) [35]。形成手性介孔晶体的关键因素是表面活性剂自身的螺旋堆积，由于受到螺旋堆积所产生的扭曲张力作用，这些表面活性剂聚集体发生扭转形成螺旋线状体，进而组装成手性介孔结构[50,51]。

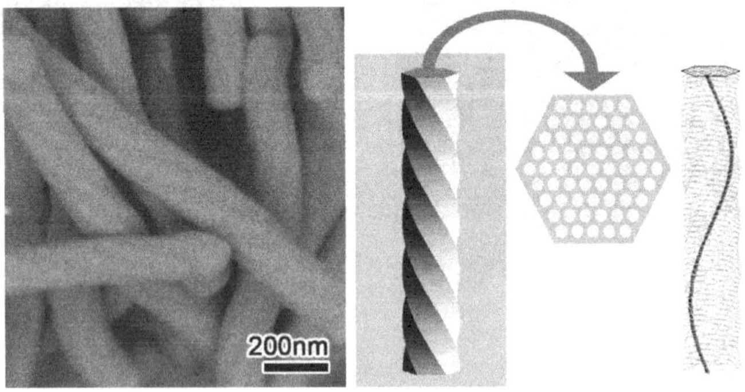

图 1-27　手性介孔晶体的 SEM 照片和结构模型[35]

Figure 1-27　SEM image and schematic drawings of a structural model of chiral mesoporous silica[35]

(7) 其它低对称性介孔结构 (空间群 $P4/mmm$, $Pmmm$)

Zhao 等人使用特殊合成的四头 bola 型表面活性剂合成出了一种低对称性的四方结构，空间群为 $P4/mmm$，同时他们还合成出一种简单立方的介孔结构，空间群为 $Pmmm$[52]。

1.3.4 介孔晶体的形貌

介孔晶体的应用不仅与其内在的孔道结构有关，更与其形貌有着很大的关系。不同形貌的介孔晶体被广泛应用在吸附、分离、催化、色谱、药物输送以及新型生物功能材料等方面。

对于晶体来说，形貌是由其内部结构和表面能所决定的，介孔晶体也不例外。到目前为止，对于不同结构的介孔晶体也已经有众多不同形貌被合成出来。比如 MCM−48 介孔晶体 (空间群 $Ia\Sigma 3d$) 具有切掉顶点的菱形十二面体外形[53]；HMM−3 介孔晶体 (空间群 $Pm\Sigma 3n$) 具有十八面体外形[54,55]；SBA−1 介孔晶体 (空间群 $Pm\Sigma 3n$) 具有七十二面体和五十四面体外形[56-58]；SBA−7 介孔晶体 (空间群 $P6_3/mmc$) 具有清晰可辨的二十个镜面和一个六次轴[59]；FDU−1 介孔晶体 (空间群 $Im\Sigma 3m$) 有着菱形十二面体外形[60]。这些材料都和其结构的点群对称性一致。而 FCC (空间群 $Fm\Sigma 3m$) 会形成与点群对称性不符的二十面体或十面体晶体外形，这是由于 CCP 结构形成了多重孪晶 (multiply−twinned particle，MTP) 的缘故[40, 48]。

此外，通过改变实验条件，各种不同形貌的介孔晶体如薄膜[61-66]、薄片状[67,68]、纤维状[69-73]、管状[74,75]、实心球[76,77]、空心球[78-84]、陀螺状[85]、囊泡状[86-88]等。

1.3.5 生物矿化

生物矿化是指无机矿物以受调控的方式沉积于生物体(胞内或胞外的)有机基质上，构建以无机物为基础的结构的过程。生物矿化材料是指这种由生命系统参与合成的天然生物陶瓷与生物高分子复合材料，如骨骼、牙齿、珍珠、贝壳等。生物矿物往往具有从纳米到宏观尺度受调控合成的层级结构(大致定义：纳米尺度，＜1.5nm；介观尺度，1.5～100nm；微米尺度，0.1～100 μm；宏观尺度，＞100mm)[89]。与常规材料不同，这些材料在合成过程中受到生物精密的调控，产生精细的微观结构，因而具有常规材料不可比拟的优点，如极高的强度、良好的断裂韧性、优异的减震性能等。其在介观和微观尺度上的结构，往往影响着它们的光学声学性能、物质传输行为、催化活性、分离效率、黏合性及智能胶体的存储——释放动力学。

生物矿化材料包含多种组分，研究的热点集中于碳酸钙 (软体动物外骨骼、鱼耳石)、羟基磷灰石 (牙齿、骨骼、鱼鳞)、无定形二氧化硅 (硅藻细胞壁、海绵骨针、某些植物组织)、氧化铁 (趋磁细菌磁性晶体) 等。其中硅元素存在于所有生物体中，从单细胞生物到高等动植物中，都存在需要硅元素来构建结构支撑材料[90]。生物体中的硅元素主要以二氧化硅的形式存在，如藻类植物中的硅藻门、绿藻门的海绵，原生动物门的放射虫等 (图 1–28)[8]。

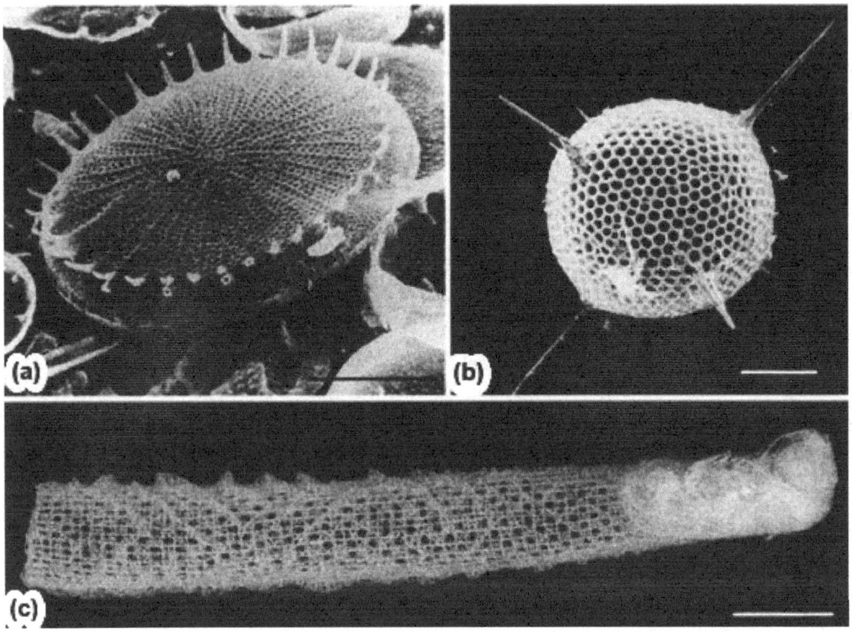

图 1–28　扫描电镜图片：(a)硅藻，未知种类，标尺为 5μm；(b)放射虫，未知种类，标尺为 20μm；(c)海绵，Euplectella Owens，标尺为 2.5cm[7]

Figure 1–28　SEM images of (a)diatom, unknown species, scale bar represents 5μm; (b)radiolarian, unknown species, scale bar represents 20μm; (c)sponge, Euplectella Owens, and scale bar represents 2.5 cm[7]

生物矿化得到微观介观结构的过程，以及软化学合成材料的过程，更接近于“由下而上”的自组装过程，有机组装体对无机物的形成起了充当模板、限域等调控作用。因此合成不同的介观微观结构的材料涉及设计新的光学声学器件、催化剂载体、用于分离的半透膜、生物医学用的大孔移植体、药物及基因递送体系等。对生物矿化的研究和模仿,导致了一系列新材料的出现和发展。

对于生物矿化材料的合成,转录法 (transcription) 是一种广泛使用的生物矿化材料的合成方法,顾名思义,这种方法是指预先形成有机物组装体模板,随后小分子无机物种渗入其内部,在能够与无机物种相互作用的界面上沉积,将有机模板的外形完全复制下来的过程,若不经过去除有机模板,得到的材料为有机——无机杂化材料;若是通过煅烧、微波处理、萃取等方法去除有机模板,就得到了具有规则形貌和特殊结构的无机材料。而有机物自组装可以得到非常丰富的结构和规则的形貌[91,92],因此通过各类有机物包括聚合物、表面活性剂组装体、有机凝胶、生物分子(如胶原[93])、DNA 分子[94]、病毒[95-97]、酵母细胞体[98]、纤维素[99]等的转录得到了很多有趣的结构,包括单层及多层囊泡、管状、飘带状、左手及右手螺旋等。

协同作用法是另一种生物矿化材料的合成方法。协同作用法是指有机成分与无机成分发生相互作用,共同组装形成规则的结构和形貌。在这个过程中,并不是有机成分单独组装,而是二者协同作用,形成的组装体与有机成分单独组装体有一定差别,随后协同作用的组装体被无机物种固定、复制下来,形成无机材料。

协同作用法合成无机材料著名的例子是沸石分子筛及介孔晶体。例如沸石合成的过程中,无机物种(二氧化硅前驱体)在单个有机分子(季铵盐阳离子)周围组装,这两种组分的组装行为取决于有机-无机界面上的相互作用及化学性质。人们认为沸石的结构是有机-无机界面能量最小化的结果。而介孔晶体的合成正是使用表面活性剂自组装体系作为模板来进行的协同作用合成出来的。

1.4 介观晶体与 TEM

材料的性能跟它们的结构息息相关,因此对于各种晶体材料的结构解析就显得异常重要。由于这些介观晶体内部的模板分子或内部的孔洞和无定形二氧化硅之间存在显著的电势密度差异,可以构成散射中心,因此仍然可以通过衍射的方法来对这些材料进行解析结构。但由于它们的晶胞很大,因此倒易空间点阵矢量长度非常小,倒易空间点阵是紧密聚集的,在使用常用的 XRD 或 SAXS 技术时,衍射峰都出现在很小的角度。另一方面,这些材料是基于模板分子自组装和后续的无机物种的缩聚过程，相对于一般的原子晶体材料来说，模板分子组装过程中难免出现差错，并且材料在无机物种完成缩聚之前都处于可变形的“柔软”状态，因此在这些介观晶体内难免存在很多的结构调变 (modulation)，点阵和结构基元也存在波动 (lattice fluctuation/basis fluctuation)。这些缺陷结构都会造成衍射峰变宽，衍射强度变弱。而在小角的情况下，衍射峰重叠就变成了一个很大的问题，严重影响了峰位置的测定和分离。此外，这些材料一般只能出现有限的几个衍射峰，因此仅仅通过 XRD 或 SAXS 的衍射方法很难解析其晶体结构。

图 1-29 是具有四方结构的 AMS-9 介孔晶体，其空间群为 $P4_2/mnm$，它的 XRD 图谱只有难以标定的三个宽峰，但是它的 TEM 照片却显示出非常规整有序的介孔结构，傅里叶变换衍射图谱 (FD) 也显示该晶体具有众多的衍射点。因为其衍射点的重叠问题导致单纯使用 XRD 无法解析晶体结构，而只能通过 TEM 来对其结构进行解析。但是由于 XRD 测试本身的方便快捷，因此对于这些材料一般还是最先进行 XRD 的测试看其是否有介观有序结构，并对 TEM 结构解析给予一定的指导。

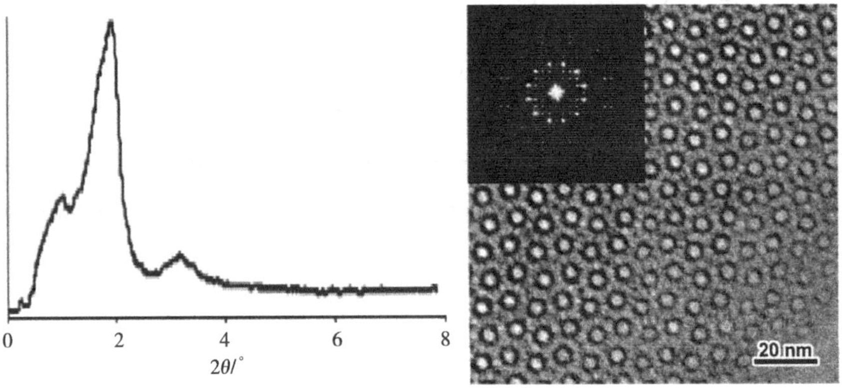

图 1-29　AMS-9 的 XRD 图谱和 TEM 照片[43]

Figure 1-29　XRD pattern and TEM image of AMS-9[43]

相对于一般的原子晶体，介观晶体的 TEM 观测有一些特别需要注意的地方。首先，这些样品对电子束非常敏感，稍强的电子束就会破坏其结构，因此需要在很弱的电子照射下进行观测；其次，因为倒易空间点阵非常密集，因此在衍射模式下需要选择较大的相机长度 (camera length)；此外，由于正空间晶面距很大的缘故，在 CTF 曲线上位于 $q \sim 0$ 的部分，在拍摄 HRTEM 照片时，若选择 Scherzer 欠焦量，衬度会非常微弱，因此需要比原子晶体更大的欠焦量，如图 1–30 所示。而在具体拍摄时，由于电子束强度和曝光时间的不同，一般需要选择 −300～−500 nm 的欠焦量。而由于其 CTF 函数值随 q 的变化比较大，因此计算结构因子时，衍射强度必须经过 CTF 校正才可以使用。

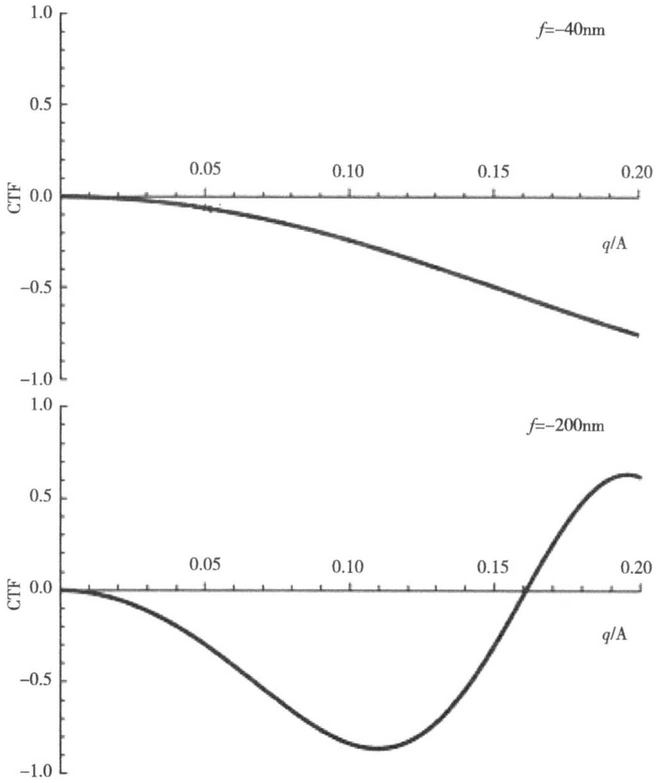

图 1–30　当 $q < 0.2$ 时不同欠焦量下的 CTF 曲线

Figure 1–30　CTF at different defocus value when $q < 0.2$

由于 HRTEM 不但可以给出倒易空间的衍射信息，也可以给出正空间的图像。因此，结构因子中的振幅和强度都可以通过 HRTEM 来获得，从而可以方便地通过电子晶体学的方法来给出晶体的三维结构信息[100]。首先，通过不同晶带轴的电镜照片可以获得各个晶面的结构因子 (如 [100]、[110]、[111]、[211] 等)，如图 1–31(a) 是笼状介孔晶体 $Pm\Sigma 3n$ 的 [100] 面的 HRTEM 图像和 FD 图谱，然后将它们结合到一起 [图 1−31(b)] 获得晶体的结构因子表。经过反向傅里叶变换就可以得到电势密度分布 [图 1−31(c)]，通过选取一个阈值就可以区分孔洞和墙壁。一般阈值可以通过气体的物理吸附所测得的孔隙率来获得，但很多时候，样品纯度并不能达到100 %，因此吸附结果往往具有混合物的特征；此外，吸附模型在应用到不同结构的晶体处也会存在很大误差。因此，Miyasaka 等人提出了界面处最小化 Helfrish 能量的方法来确定孔隙率阈值，取得了很好的效果[49,101]。

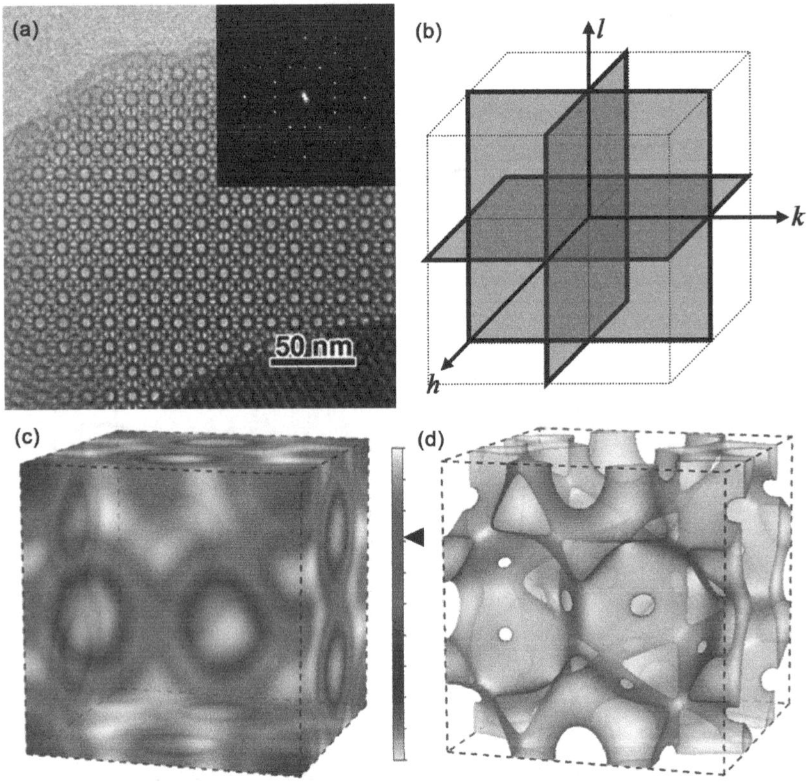

图 1−31　介孔晶体三维重构示意图[100]

Figure 1−31　3D reconstruction of the mesoporous crystal [100]

此外，在对晶体局部结构解析尤其是缺陷结构的解析上，由于衍射只能够获得倒易空间点阵信息，若晶体中有缺陷，则会面临衍射点重叠、衍射点强度扩散等诸多问题，因此仅仅通过衍射解析含有缺陷的结构总是异常困难。HRTEM 可以通过电子束进行成像，因此可以直接看到正空间的结构信息，所以 HRTEM 在缺陷结构的解析方面有着衍射方法不能比拟的独到优势[31, 32, 42, 43, 48, 102]。

图 1-32 显示了一种具有 *Fm*∑3*m* 和 *Fd*∑3*m* 片层状共生结构介孔晶体的 HRTEM 图像。可以清楚地看到两种结构的空间取向对应关系，其中 *Fm*∑3*m* 结构的 [∑110] 对应着 *Fd*∑3*m* 结构的 [∑211]，而经过将晶体沿公共的 [111] 轴倾转 30° 后发现，*Fm*∑3*m* 结构的 [∑211] 又对应着 *Fd*∑3*m* 结构的 [∑101]。此外，可以通过 HRTEM 照片清晰地观察到两种晶体的共生界面，这都给其结构解析提供了巨大的便利。

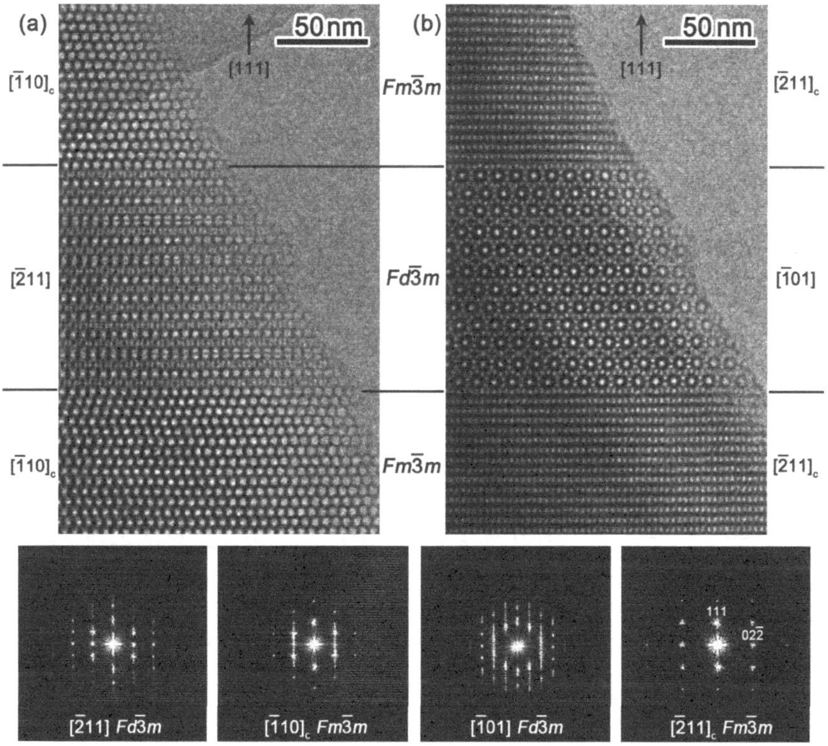

图 1-32 *Fm*∑3*m* 和 *Fd*∑3*m* 共生结构的 HRTEM 图像[53]

Figure 1-32 HRTEM image of the intergrowth of *Fm*∑3m and *Fd*∑3*m* structures[53]

1.5 本书选题及主要内容

因为介观晶体具有很多优良特性，如具有高度有序的结构且结构可调，可以使用不同材料构建骨架结构，可以用有机基团修饰，并且可以合成具有不同外形的介观晶体或复合结构。因此这些独特性质使得它们在大分子尤其是生物分子如蛋白质、酶的吸附和分离、化学传感器、生物医学、药物控制释放、化工催化、环境保护等领域展现出很大优越性和广阔的应用前景。目前介观晶体科学已经成为国际上跨化学、物理、材料等多学科的热点前沿领域之一。

但是，目前介观晶体在合成、表征和机理研究等方面还存在着很多未能解决的问题。首先，介观晶体的物理、化学性质都和其自身结构息息相关，但是介观晶体在使用传统的X射线衍射法解析结构上面又有着很多困难，很多介观晶体的结构并没有得到充分研究，而介观晶体结构解析方法自身也存在很多不完善和未经探索的领域。其次，大部分介孔晶体的合成方法都是基于表面活性剂胶束的自组装和同时/后续的硅源缩聚过程，而最终孔道结构的形成也只有有限的理论依据，一般只能根据表面活性剂的几何形状和无机硅源与表面活性剂之间的相互作用来进行粗略推断；各种介观结构的形成条件、相互之间的关系和形成机理也没有得到充分的研究和解释。再次，生物矿化材料的研究也只是处于起步阶段，其形成过程和机理还有众多未能解决的问题；而DNA的液晶结构在生命过程中有着重要意义，DNA矿化过程中与无机物种如何相互作用，这种作用对DNA液晶相的影响都尚未解明。目前的研究多集中于DNA对于无机矿物晶体生长的影响，而关于无机物种影响DNA液晶/晶体结构的报道几乎空白。

因此，本书主要通过电子显微学对新型介观晶体的结构特征和形成机理进行详细表征的研究。不但对于晶体学本身，而且对控制新型材料的合成、探索其应用价值等方面都有重要意义。

在第2章中，利用氨基酸头部的阴离子表面活性剂和共结构导向剂，通过添加非离子共表面活性剂Brij-56，合成了一系列具有不同有机/无机界面曲率的介孔晶体，本章对这一系列晶体的相变顺序和其中观察到的共生和缺陷结构进行了完整的结构解析，并对其表面曲率特征进行了分析。

在第3章中，利用氨基酸头部的阴离子表面活性剂和共结构导向剂的合成方法，通过添加非离子表面活性剂Brij-56，发现了一种具有罕见多面体内部形貌(二十面体、十面体、Wulff多面体等)的介孔空心球晶体，并研究了这种空心球晶体的结构和这种罕见形貌的形成机理。

在第4章中，以DNA为模板，使用共结构导向法合成了DNA-二氧化硅复合晶体，并进行了详细的结构表征和机理研究。随着合成体系DNA溶液初始浓度的增高，晶体从二维六方结构变为罕见的二维正方对称性。随后本书对这种二维正方结构的晶体进行了结构研究，并通过时间过程实验解析了其形成机理。

在第5章中，使用不同的阴离子表面活性剂合成了具有不同结构、不同粒径的纳米颗粒，并对其形成机理进行了研究；另外，使用油酸作为结构导向剂形成了具有不同球壳结构的空心球，并解析了其形成机理。

1.6 参考文献

[1] Liddell. H G, Scott R. A Greek—English Lexicon, on Perseus Digital Library.

[2] Wikipedia, http://en.wikipedia.org/.

[3] Kittel C. Introduction to Solid State Physics, eighth edition, John Wiley & Sons, 2005.

[4] Williams D B, Carter C B. Transmission Electron Micrscopy: A Textbook for Materials Science (I—IV), Springer Science, 1996.

[5] Zou X, Hovmöller S. Electron Crystallography: Electron Microscopy and Electron Diffraction, 2005.

[6] International Tables for Crystallography, http://it.iucr.org/.

[7] Rouquerol J, Avnir D, Faribridge C W, Everett D H, Haynes J H, Pernicone N, Ramsay J D F, Sing K S W, Unger K K. Pure Appl. Chem., 1994, 66: 1739.

[8] Yanagisawa T, Shimizu T, Kuroda K, Kato C. Bull. Chem. Soc. Jpn. 1990, 63: 988.

[9] Kresge C T, Leonowicz M E, Roth W J, Vartuli J C, Beck J S. Nature., 1992, 359: 710.

[10] Beck J S, Vartuli J C, Roth W J, Leonowicz M E, Kresge C T, Schmitt K D, Chu C T-W, Olson D H, Sheppard E W, McCullen S B, Higgins J B and Schlenkert J L. J. Am. Chem. Soc., 1992, 114: 10834.

[11] Chen C Y, Li H X, Davis M E. Microporous Mater., 1993, 2 (17).

[12] Chen C Y, Burkett S L, Li H X, Davis M E. Microporous Mater., 1993, 2 (27).

[13] Huo Q, Margolese D I, Ciesla U, Demuth D G, Feng P, Gier T E, Sieger P, Firouzi A, Chmelka B F, Schüth F, Stucky G D. Chem. Mater., 1994, 6: 1176.

[14] Firouzi A, Kumar D, Bull L M, Besier T, Sieger P, Huo Q, Walker S A, Zasadzinsky J A, Glinka C, Nicol J, Margolesse D, Stuky G D, Chmelka B F. Science, 1995, 267: 1138.

[15] Monnier A, Schüth F, Huo Q, Kumar D, Margolese D, Maxwell R S, Stucky G D, Krishnamurty M, Petroff P, Firouzi A, Janicke M, Chmelka B F. Science., 1993, 261: 1299.

[16] Israelachvili J N, Mitchell D J, Ninham B W. J. Chem. Soc. Faraday Trans. 2, 1976, 72: 1525.

[17] Huo Q, Margolese D I, Stucky G D. Chem. Mater. 1996, 8: 1147.

[18] Huo Q, Margolese D I, Ciesla U, Feng P, Gier T E, Sieger P, Leon R, Petroff P M, Schuth F, Stucky G D. Nature, 1994: 368, 317.

[19] Pantazis C C, Pomonis P J. Chem. Mater., 2003, 15: 2299.

[20] Huo Q, Leon R, Petroff , Stucky G D. Science, 1995: 268, 1324.

[21] S A Bagshaw, E Prouzet, T J Pinnavaia, Science, 1995: 269, 1242.

[22] P T Tanev, T J Pinnavaia, Science, 1995: 267, 865.

[23] D Zhao, J Feng, Q Huo, N Melosh, G H Fredrickson, B F Chmelka, G D Stucky, Science, 1998: 279, 548.

[24] D Zhao, Q Huo, J Feng, B F Chmelka, G D Stucky, J. Am. Chem. Soc., 1998: 120, 602.

[25] C Z Yu, Y H Yu, D Y Zhao, Chem. Commun., 2000: 575.

[26] X Y Liu, B Z Tian, C Z Yu, F Gao, S H Xie, B Tu, R C Che, L M Peng, D Y Zhao, Angew. Chem. Int. Ed., 2002, 41: 3876.

[27] J Fan, C Z Yu, T Gao, J Lei, B Z Tian, L M Wang, Q Luo, B Tu, W Z Zhou, D Y Zhao, Angew. Chem. Int. Ed., 2003, 42: 3146.

[28] F Kleitz, D N Liu, G M Anilkumar, I S Park, L A Solovyov, A N Shmakov, R Ryoo, J. Phys. Chem. B, 2003, 107: 14296.

[29] F Kleitz, S H Choi, R Ryoo, Chem. Commun., 2003: 2136.

[30] G J de A A Soler—Illia, C Sanchez, B Lebeau, J Patarin, Chem. Rev., 2002, 102: 4093.

[31] S Che, A E Garcia—Bennett, T Yokoi, K Sakamoto, H Kunieda, O Terasaki, T Tatsumi, Nat. Mater., 2003, 2: 801.

[32] A E Garcia—Bennett, N Kupferschmidt, Y Sakamoto, S Che, O Terasaki, Angew. Chem. Int. Ed., 2005, 44: 5317.

[33] A E Garcia—Bennett, K Miyasaka, O Terasaki, S Che, Chem. Mater., 2004, 16: 3597.

[34] A E Garcia—Bennett, O Terasaki, S Che, T Tatsumi, Chem. Mater., 2004, 16: 813.

[35] S Che, Z Liu, T Ohsuna, K Sakamoto, O Terasaki, T Tatsumi, Nature., 2004, 429: 281.

[36] C Gao, Y Sakamoto, K Sakamoto, O Terasaki, S Che, Angew. Chem. Int. Ed., 2006, 45: 4295.

[37] C Gao, H Qiu, W Zeng, Y Sakamoto, O Terasaki, K Sakamoto, Q Chen, S Che, Chem. Mater., 2006, 18: 3904.

[38] C Gao, Y Sakamoto, O Terasaki, K Sakamoto, S Che, J. Mater. Chem.,2007, 17: 3591.

[39] C Gao, Y Sakamoto, O Terasaki, S Che, Chem. Eur. J., 2008, 14: 11423.

[40] L Han, Y Sakamoto, O Terasaki, Y Li, S Che, J. Mater. Chem., 2007, 17: 1216.

[41] L Han, J Ruan, Y Li, O Terasaki, S Che, Chem. Mater., 2007, 19: 2860.

[42] Y Sakamoto, L Han, S Che, O Terasaki, Chem. Mater., 2009, 21: 223.

[43] L Han, Y Sakamoto, S Che, O Terasaki, Chem. Eur. J., 2009, 15: 2818.

[44] D Zhao, Q Huo, J Feng, J Kim, Y Han, G D Stucky, Chem. Mater., 1999, 11: 2668.

[45] Qiu H, Sakamoto Y, Terasaki O, Che S. Adv. Mater., 2008, 20: 425.

[46] Jain A, Toombes G E S, Hall L M, Mahajan S, Garcia C B W, Probst W, Gruner S M, Wiesner U. Angew. Chem. Int. Ed., 2005, 44: 1226.

[47] Han Y, Zhang D, Chng L L, Sun J, Zhao L, Zou X, Ying J Y. Nat. Chem., 2009, 1: 123.

[48] Miyasaka K, Han L, Che S, Terasaki O. Angew. Chem. Int. Ed., 2006, 45: 6516.

[49] Miyasaka K, Thesis PhD. Stockholm University (Sweden), 2008.

[50] Qiu H, Wang S, Zhang W, Sakamoto K, Terasaki O, Inoue Y, Che S. J. Phys. Chem. C, 2008, 112: 1871.

[51] Qiu H, Che S. J. Phys. Chem. B, 2008, 112: 10466.

[52] Shen S, Garcia—Bennett A E, Liu Z, Lu Q, Shi Y, Yan Y, Yu C, Liu W, Cai Y, Terasaki O, Zhao D. J. Am. Chem. Soc., 2005, 127: 6780.

[53] Kim K M, Kim S K, Ryoo R. Chem. Commun., 1998: 259.

[54] Guan S, Inagaki S, Ohsuna T, Terasaki O. J. Am. Chem. Soc., 2000, 122: 5660.

[55] Terasaki O, Ohsuna T, Liu Z, Sakamoto Y, Garcia—Bennett A E. Stud. Surf. Sci. Catal., 2004, 148: 261.

[56] Che S, Kamiya S, Terasaki O, Tatsumi T. J. Am. Chem. Soc., 2001, 123: 12089.

[57] Kamiya S, Tanaka H, Che S, Tatsumi T, Terasaki O. Solid State Sci., 2003, 5: 197.

[58] Che S, Li H, Lim S, Sakamoto Y, Terasaki O, Tatsumi T. Chem. Mater. ,2005, 17: 4103.

[59] Che S, Lim S H, Kaneda M, Yoshitake H, Terasaki O, Tatsumi T. J. Am. Chem. Soc., 2002, 124: 13962.

[60] Yu C, Tian B, Fan J, Studky G D, Zhao D. J. Am. Chem. Soc., 2002, 124: 4556.

[61] Yang H, Kuperman A, Coombs N, Mamiche—Afara S, Ozin G A, Nature, 1996, 379: 703.

[62] Yang H, Coombs N, Sakolov I, Ozin G A. Nature, 1996, 381: 589.

[63] Lu Y, Ganguli R, Drewien C A, Anderson M T, Brinker C J, Gon W, Gou Y, Soyez H, Dunn B, Huang M H, Zink J I. Nature, 1997, 389: 364.

[64] Sellinger A, Werss P M, Nguyen A, Lu Y, Assink R A, Gong W, Brinker C J. Nature, 1998, 394: 256.

[65] Zhao D, Yang P, Margolese D I, Chmelka B F, Stucky G D. Chem. Commun., 1998: 2499.

[66] Lu Y, Fan H, Doke N, Loy D A, Assink R A, Lavan D A, Brinker C J. J. Am. Chem. Soc., 2000, 122: 5258.

[67] Melosh N A, Davidson P, Chmelka B F. J. Am. Chem. Soc., 2000, 122: 823.

[68] Antonietti M, Berton B, Cltner C, Hentze H. Adv. Mater., 1998, 10: 154.

[69] Bruinsma P J, Kim A Y, Liu J, Baskaran S. Chem. Mater., 1997, 9: 2507.

[70] Marlow F, Splietlihoff B, Tesche B, Zhao D. Adv. Mater., 1996, 12: 961.

[71] Zhao D, Sun J, Li Q, Stucky G D. Chem. Mater., 2000, 12: 275.

[72] Raimondi M E, Maschmeyer T, Templer R H, Seddon J M. Chem. Commun., 1997: 1843.

[73] S A Davis, S L Burkett, N H Mendelson, S Mann, Nature, 1997, 385: 420.

[74] Lin H, Mou C. Science, 1996, 273: 765.

[75] Yu Y, Qiu H, Wu X, Li H, Li Y, Sakamoto Y, Inoue Y, Sakamoto K, Terasaki O, Che S. Adv. Funct. Mater., 2008, 18: 541

[76] Huo Q, Feng J, Schüth F, Stucky G D. Chem. Mater., 1997, 9: 14.

[77] Rama Rao G V, López G P, Bravo J, Pham H, Datye A K, Xu H, Ward T L. Adv. Mater., 2002, 14: 1301.

[78] Li W, Sha X, Dong W, Wang Z. Chem. Commun., 2002: 2434.

[79] Fowler C E, Khushalani D, Mann S. Chem. Commun., 2001: 2028.

[80] Chacht S, Huo Q, Voigt-Martin G, Stucky G D, Schüth F. Science, 1996, 273: 768.

[81] Yu C, Tian B, Fan J, Stucky G D, Zhao D. Chem. Lett., 2002: 62.

[82] Alonso B, Clinard C, Durand D. Chem. Commun., 2005: 1746.

[83] Prouzet E, Cot F, Boissiere C. J. Mater. Chem., 2002, 12: 1553.

[84] Li Y S, Shi J L, Hua Z L, Chen H R, Ruan M L, Yan D S. Nano Lett., 2003, 3: 609.

[85] Yang H, Coombs N, Ozin G A. Nature, 1997, 386: 692.

[86] Tanev P T, Pinnavaia T J. Science, 1996, 271: 1267.

[87] Kim S S, Zhang W, Pinnavaia T J. Science, 1998, 282: 1302.

[88] Yu M H, Wang H N, Zhou X F, Yuan P, Yu C Z. J. Am. Chem. Soc., 2007, 129: 14576.

[89] Mann S, Ozin G A. Nature, 1996, 382: 313.

[90] Perry C C, Keeling—Tucker T. J. Biol. Inorg. Chem., 2000, 5: 537.

[91] Van Bommel K J, Friggeri A, Shinkai S. Angew. Chem. Int. Ed., 2003, 42: 980.

[92] Jung J H, Shinkai S, Shimizu T. The Chemical Record., 2003, 3: 212.

[93] Ono Y, Kanekiyo Y, Inoue K, Hojo J, Nango M, Shinkai S. Chem. Lett., 1999: 475.

[94] Numata M, Sugiyasu K, Hasegawa T, Shinkai S. Angew. Chem. Int. ed., 2004, 43: 3279.

[95] Douglas T, Young M. Adv. Mater. 1999, 11: 679.

[96] Shenton W, Douglas T, Young M, Stubbs G, Mann S. Adv. Mater., 1999, 11: 253.

[97] Fowler C E, Shenton W, Stubbs G, Mann S. Adv. Mater., 2001, 13: 1266.

[98] Chia S, Urano J, Tamanoi F, Dunn B, I Zink J. J. Am. Chem. Soc., 2000, 122: 6488.

[99] Huang J, Kunitake T. J. Am. Chem. Soc., 2003, 125: 11834.

[100] Sakamoto Y, Kaneda M, Terasaki O, Zhao D, Kim J, Stucky G, Shin H, Ryoo R. Nature, 2000, 408: 449.

[101] Miyasaka K, Terasaki O. Angew. Chem. Int. Ed., 2010, In Press.

[102] Ohsuna T, Terasaki O, Watanabe D, Anderson M W, Lidin S. Surd. Surf. Sci. Catal., 1994, 84: 413.

第2章　介孔晶体的相转变与曲率研究

2.1　引言

介孔晶体具有非常丰富的结构。根据Israelachvili等人提出的表面活性剂的堆积参数$g=V/a_0l$可以很好地解释具有不同有机/无机界面曲率介观结构的形成。在堆积参数g中，V是表面活性剂的链及链间的助溶剂所占的总体积，a_0是表面活性剂极性头的有效面积，l是表面活性剂的动力学链长[1]。根据表面活性剂堆积参数的定义，当g=1/3时，表面活性剂具有最高的曲率，形成球状胶束，导向生成笼状介孔结构。当g=1/2时，表面活性剂形成管状胶束，导向生成二维直筒状介孔结构。当g=2/3时，表面活性剂导向生成双连续立方相。当g=1时，表面活性剂形成层状胶束，具有最低的曲率，导向生成层状介孔结构[2-13]。

对于介孔晶体来说，二维柱状结构 (2D cylindrical) 是最常见的介观相[2,3]。一般柱状胶束的横截面为圆形且进行六方紧密堆积，生成二维六方 (空间群 *p6mm*)，简称为C。双连续结构由于其自身结构的复杂性和高度的对称性也被人们广泛关注，双连续结构中通过一个连续的曲面分割了两套在拓扑上等同但又互不连通的孔道，其有机/无机界面曲率非常低，接近于层状，其平均曲率 (mean curvature) 为零。MCM−48 是最常见的双连续介孔晶体，由 Gyroid 曲面围成，在每个节点上存在 3 个分支管道，其空间群为$Ia\Sigma3d$，简称 G[2]。AMS−10 则是由 Diamond 曲面围成的介孔晶体，空间群为$Pn\Sigma3m$，在每个节点上存在4个分支管道，简称 D[11]。 $Im\Sigma3m$的双连续结构是由 Primitive 曲面围成的，每个节点存在6个分支管道，简称 P[14]。

自从 Rançon 和 Charvolin 在溶致液晶相中发现了 C 和 G 的取向生长关系，

L ↔ G 和 G ↔ C 的相变得到了很大关注[15-21]。此外，在研究中也发现了在双连续结构之间的相转变[22,23]。根据 Hyde 的描述，对于两亲性分子，链体积 (总的非极性体积，包括非极性溶剂) 的微小扰动就会引起双连续立方结构之间的相变。随着链体积的增加，相变顺序为 P → D → G[24]。

在介孔晶体体系中，人们对结构的相变也进行了很多研究[13,25,26]。随着表面活性剂堆积参数 g 值从大到小变化，介孔结构根据一般从L经过G到C，最后形成有机/无机界面曲率最高的笼状结构。一般来说，G在相图上出现在L和C之间很窄的区域。同时，G也可以通过后加热处理没有完全缩聚的C结构来制得。Landry等人报道了介孔结构C和G的相变，并提出了一种转变机理，这种机理与之前在嵌段高分子溶液液晶相中发现的取向生长非常类似[21,22]。但是到目前为止，还没有直观的证据说明C和G的这种取向生长关系。

在介孔晶体中，相对于G来说，人们只在阴离子表面活性模板法的AMS体系中发现了D[11]。最近Gao等人研究了使用长链谷氨酸表面活性剂为模板的AMS体系的合成相图，发现介孔晶体的结构随着有机/无机界面曲率的增加，从D变为C继而变为各种笼状结构[13]。但是在AMS体系中，单纯通过质子化程度来控制表面活性剂的羧酸头部并不能合成出G。Terasaki 等人通过电子晶体学的方法对G和D的表面高斯曲率和平均曲率进行了研究[27]，发现D的局部曲率分布比G要窄，说明D有着更加光滑的表面结构。但是到目前为止，G和D还没有在同一体系中合成出来过，因此并不能直接比较G和D的特征。

本节中通过使用 *N*−十八烷基−L−谷氨酸(C_{18}GluA)作为模板、3−氨丙基三乙氧基硅烷(APS)作为共结构导向剂(CSDA)、正硅酸乙酯(TEOS)作为无机硅源，在非离子表面活性剂$C_{16}(EO)_{10}$ (Brij−56)的作用下合成出了一系列的介孔晶体。通过非离子表面活性剂调节有机/无机界面曲率，合成了不同结构的介孔晶体，包括笼状、C、D、G、L，从而可以对介孔结构的相变和各种结构之间的关系进行直接的对比研究。

2.2　实验部分

2.2.1　试剂

正硅酸乙酯 (TEOS) 购于中国药品试剂集团上海分公司，3−氨丙基三甲氧基

硅烷 (APS) 购于 TCI 公司，非离子表面活性剂 $C_{16}(EO)_{10}$ (Brij–56) 购于 Aldrich 公司，阴离子表面活性剂 *N*–十八烷基–L–谷氨酸 (C_{18}GluA) 购于 Ajinomoto 公司。所有试剂未经再加工处理。

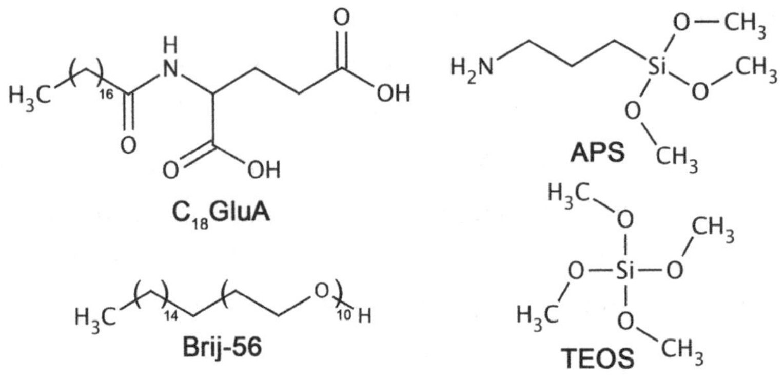

2.2.2 介孔晶体的合成

介孔晶体合成过程如下：称取 0.207g（0.5mmol）C_{18}GluA 和 0.5g (0.725mmol) Brij–56 分散到 21g (1.167mol) 去离子水中，在特定温度 (30℃、50℃或 80℃) 下搅拌，向该溶液中同时加入 0.179g (1mmol) APS 和 1.56g (7.5mmol) TEOS。20min 后停止搅拌，并继续在该温度下水浴中老化 2 天。将生成的白色粉末过滤分离，60℃下干燥过夜，并在 550℃下焙烧 6h 去除表面活性剂。

2.2.3 介孔晶体的表征

介孔硅粉末的 X 射线衍射（XRD）使用 Rigaku RINT 2000/PC 测定，采用 Cu $K\alpha$ 辐射 (λ = 0.15406nm)，操作功率为 0.8kW (40kV，20mA)，扫描速率为 1.0(°)/min，扫描范围为 1°～6° (2θ)。

样品的高分辨透射电子显微图像 (HRTEM) 使用 JEOL JEM–3010 拍摄，电子束加速电压 300kV，球差系数 C_s = 0.6 mm，点分辨率 1.7Å。HRTEM 图像由 CCD (Keenview, 1376 像素× 1096 像素，像素尺寸 6.4μm × 6.4μm) 获取。拍摄条件是 50k～80k 放大倍率，低剂量电子束照射。

样品的形貌特征使用扫描电子显微镜 (SEM) JEOL JSM–7401F 拍摄，电子束加速电压 1kV，分辨率约为1.4nm。为了获得样品表面真实形貌，没有对样品进行镀金处理。

2.3 结果与讨论

2.3.1 介孔晶体相变过程的表征

介孔晶体的合成基于AMS体系的共结构导向法，C_{18}GluA作为模板，Brij-56为共模板，APS为共结构导向剂（CSDA），TEOS为硅源。将表面活性剂溶于水之后，表面活性剂分子形成胶束，当APS与TEOS加入到反应溶液时，APS上面带正电的氨基就会与带负电的表面活性剂胶束产生静电作用而结合，以表面活性剂为模板进行有序排列，APS上面氨基所连接的三甲氧基硅烷与TEOS进行共缩聚形成介孔的骨架结构。

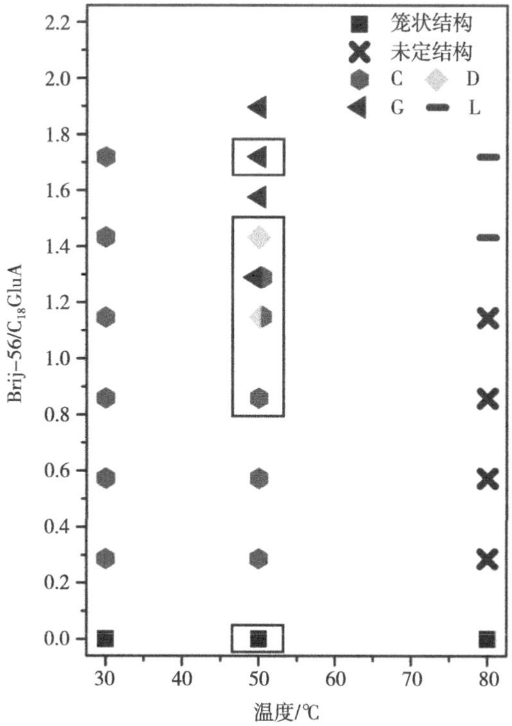

图 2-1 C_{18}GluA/Brij-56/APS 体系的合成相图（反应物的物质的量之比为 C_{18}GluA:Brij-56:APS:TEOS:H_2O = 1:x:2:15:2335）

Figure 2-1 Synthesis-field diagram of the C_{18}GluA/Brij—56/APS synthesis system with the addition of Brij-56. The synthesis composition was C_{18}GluA:Brij-56:APS:TEOS:H_2O = 1:x:2:15:2335

通过从30～80℃改变合成温度，从0～2.0改变Brij−56/C_{18}GluA的物质的量之比，本章合成出具有不同结构的一系列介孔晶体。合成的物质的量之比为C_{18}GluA: Brij−56:APS:TEOS: H_2O = 1:x:2:15:2335。图2−1为合成结果的相图，这些样品的结构经过XRD和HRTEM的表征而确定。在相图中可以看到，在同一体系中合成出了不同的介孔结构：笼状、C、D、G和L。

在各温度下，没有添加Brij−56的样品均具有笼状的介孔结构，因为C_{18}GluA的亲水部分是谷氨酸，含有两个羧酸，因此在表面活性剂堆积常数g中，有效头部面积非常大，倾向于形成具有低g值高有机/无机界面曲率的介观结构。在30℃下，随着Brij−56量的增加，介孔结构从笼状(Brij−56/C_{18}GluA = 0)转变到C (Brij−56/C_{18}GluA = 0.2～1.8)。而在80℃下合成的样品从笼状结构经过一个未确定相(Brij−56/C_{18}GluA = 0.2～0.6)转变到L (Brij−56/C_{18}GluA = 0.8～1.8)。非常有趣的是，在50℃下合成的样品有着非常复杂的相变顺序。随着Brij−56添加量的增加，介孔结构从笼状(Brij−56/C_{18}GluA = 0)转变到C (Brij−56/C_{18}GluA = 0.2～1.0)，继而生成C和D的共生结构(Brij−56/C_{18}GluA = 1.15)，生成C和G的共生结构(Brij−56/C_{18}GluA = 1.30)，然后形成纯D (Brij−56/C_{18}GluA = 1.45)，最终形成纯的G (Brij−56/C_{18}GluA = 1.6～2.0)。更高浓度的Brij−56会形成高黏度的溶液，不能形成高度有序的介孔结构。

在30℃下合成的样品在焙烧前和焙烧后的XRD图谱显示在图2−2中。可以看到，在没有添加Brij−56时(Brij−56/C_{18}GluA = 0)，只在$2\theta = 1° \sim 2°$有一个衍射峰，随着Brij−56添加量的增多(Brij−56/C_{18}GluA = 0.2～1.8)，变为三个衍射峰，其晶面间距d值比例为1: $\sqrt{3}$:2，为典型的二维六方结构，三个衍射峰可以标定为10、11和20，即结构转变为C。同时可以看到衍射峰向小角方向偏移，其晶胞参数从a = 52.7 Å (Brij−56/C_{18}GluA = 0.2)增加到a = 63.8 Å (Brij−56/C_{18}GluA = 1.8)。样品的HRTEM照片在图2−3中，可以看到，样品从笼状结构转变到高度有序的C结构，HRTEM和XRD结果吻合。但由于笼状结构的结构规整性，未能确定具体对称性。

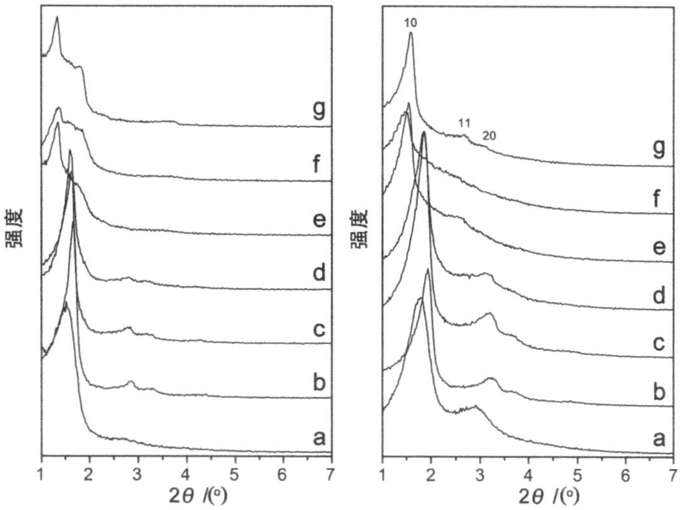

图 2-2　在 30℃下进行反应的样品在焙烧前后的 XRD 图谱，其合成物质的量之比为 C_{18}GluA: Brij-56: APS: TEOS: H_2O = 1: x: 2: 15: 2335，其中 x = (a) 0, (b) 0.29, (c) 0.57, (d) 0.85, (e) 1.15, (f) 1.45 和 (g) 1.75

Figure 2-2　Powder XRD patterns of the as-synthesized (left) and calcined (right) samples synthesized at 30℃. The synthesis molar composition was C_{18}GluA: Brij-56: APS: TEOS: H_2O = 1: x: 2: 15: 2335, where x = (a) 0, (b) 0.29, (c) 0.57, (d) 0.85, (e) 1.15, (f) 1.45 and (g) 1.75

80℃下合成的样品在焙烧前和焙烧后的XRD图谱显示在图2-4中。从焙烧前的样品可以看到，在 Brij-56 添加量很少的时候 (Brij-56/C_{18}GluA = 0～0.6)，在 2θ = 1°～2°有一个衍射峰，随着Brij-56添加量增多 (Brij-56/C_{18}GluA = 0.8～1.8)，具有晶面间距 d 值比例为1: 2的两个衍射峰出现，是典型的层状结构L，两个衍射峰可以标定为1和2。经过焙烧，层状L结构坍塌，无衍射峰存在。焙烧过后样品的 HRTEM 照片在图 2-5 中，可以看到，未加Brij-56的样品显示了笼状结构，同样因为结晶性不高不能确定对称性。而焙烧之后 L 的层状结构坍塌。在笼状与 L 之间的样品在 HRTEM 下观察发现该样品具有无序的衬度，在经过焙烧之后 XRD 衍射峰变弱，证明其结构不稳定，在焙烧中坍塌。

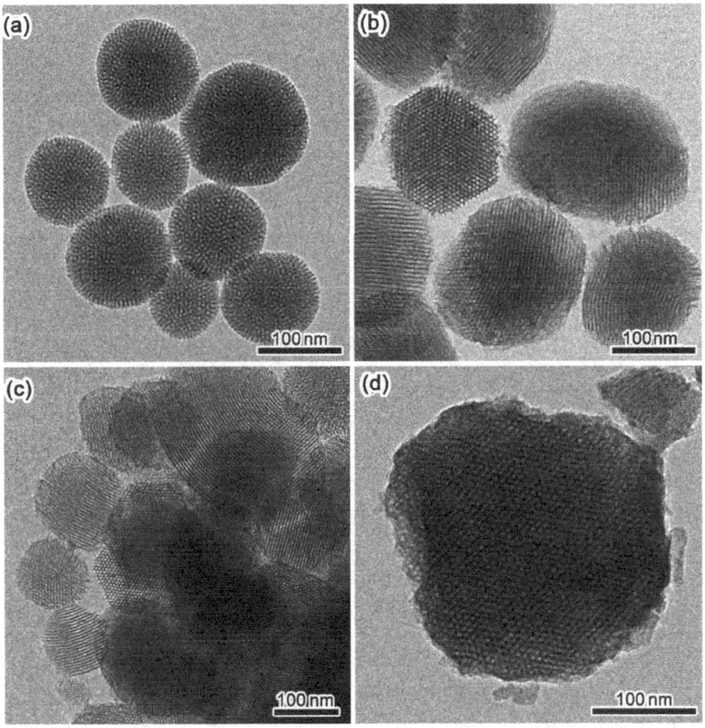

图 2-3　在 30℃下进行反应的样品在焙烧后的 HRTEM 照片，其物质的量之比为 C_{18}GluA: Brij-56: APS: TEOS: H_2O = 1: x: 2: 15: 2335，其中 x = (a) 0, (b) 0.29, (c) 0.57, (d) 1.75

Figure 2-3　HRTEM images of the calcined samples synthesized at 30℃. The synthesis molar composition was C_{18}GluA: Brij-56: APS: TEOS: H_2O = 1: x: 2: 15: 2335, where x = (a) 0, (b) 0.29, (c) 0.57, (d) 1.75

在相图中可以看到，在50℃下合成出了C、D、G和很多共生结构，因此本章着重表征这些样品（图2-1中黑色方框所包含的样品）。这些样品的结构由XRD和HRTEM来进行确定。图2-6是在50℃下合成样品的XRD图谱，与在30℃和80℃合成的样品类似，未加Brij-56的样品在 2θ = 1°～2°有一个衍射峰，形成笼状结构，但由于结晶性不高，因此具体对称性无法确定。Brij-56/C_{18}GluA物质的量之比为0.85的样品在 2θ=1.5°～5°出现了三个衍射峰，具有 d 值比例为1: $\sqrt{3}$:2，可以被标定为二维六方结构C的10、11和20衍射峰，晶胞参数为 a = 54 Å。在Brij-56/C_{18}GluA物质的量之比为1.15下合成的样品在 2θ = 1°～2°范围内出现两个衍射峰，其 d 值的比例约为 $\sqrt{3}/\sqrt{2}$，可以标定为双连续结构 D 的（110）和（111）衍射峰，其空间群为 $Pn\sum 3m$。在 Brij-56/C_{18}GluA 物质的量之比为 1.30 下合成的样品在 $2\theta=1.5°\sim4°$ 内出现两个衍射峰，d 值比为 $\sqrt{4}/\sqrt{3}$，可以被标定双连续G结构的（211）和（220）衍射峰，其空间群为 $Ia\sum 3d$。继续增加 Brij-56 的量达到 Brij-56/C_{18}GluA 物质的量之比为1.45时，两个具有 d 值比为 $\sqrt{3}/\sqrt{2}$ 的衍射峰再次出现，可以标定为 D 的（110）和（111）衍射峰，其晶胞参数 a = 108 Å。而 Brij-56/C_{18}GluA 物质的量之比大于 1.60 的样品又变为了 G 结构，衍射峰与 Brij-56/C_{18}GluA 物质的量之比 1.30 的样品非常类似，可以标定为（211）和（220）衍射峰，其晶胞参数 a = 136 Å。

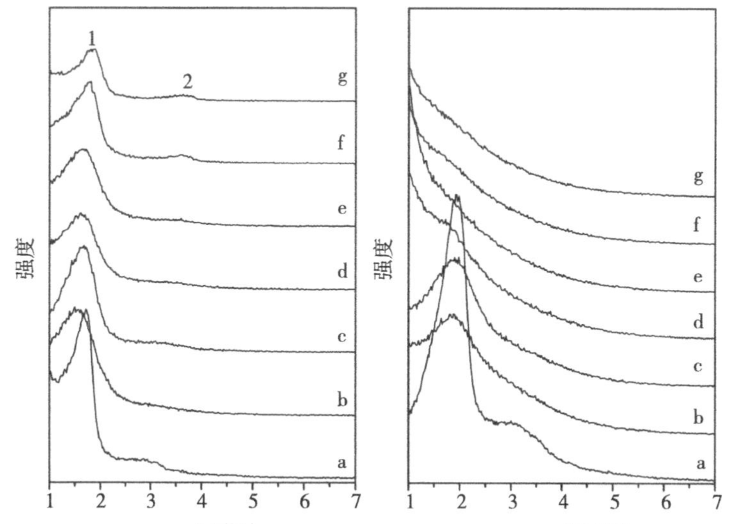

图 2-4 在 80℃下进行反应的样品在焙烧前后的 XRD 图谱，其合成物质的量之比为 C_{18}GluA: Brij-56: APS: TEOS: H_2O = 1: x: 2: 15: 2335，其中 x = (a) 0, (b) 0.29, (c) 0.57, (d) 0.85, (e) 1.15, (f) 1.45 和 (g) 1.75

Figure 2-4 Powder XRD patterns of the as-synthesized (left) and calcined (right) samples synthesized at 80℃. The synthesis molar composition was C_{18}GluA: Brij-56: APS: TEOS: H_2O = 1: x: 2: 15: 2335, where x = (a) 0, (b) 0.29, (c) 0.57, (d) 0.85, (e) 1.15, (f) 1.45 and (g) 1.75

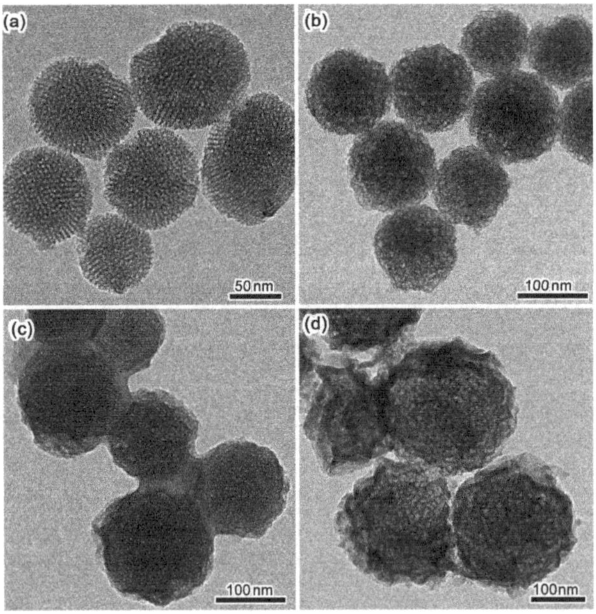

图 2-5　在 80℃下进行反应的样品在焙烧后的 HRTEM 照片，其物质的量之比为 C_{18}GluA: Brij-56: APS: TEOS: H_2O = 1: x: 2: 15: 2335, 其中，x = (a) 0, (b) 0.29, (c) 0.57, (d) 1.45

Figure 2-5　HRTEM images of the calcined samples synthesized at 80℃. The synthesis molar composition was C_{18}GluA: Brij-56: APS: TEOS: H_2O = 1: x: 2: 15: 2335, where x = (a) 0, (b) 0.29, (c) 0.57, (d) 1.45

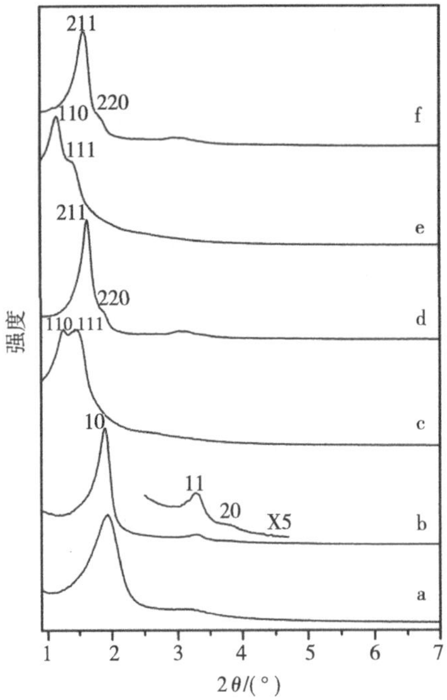

图 2-6　在 50℃下进行反应的样品在焙烧后的 XRD 图谱，其物质的量之比为 C_{18}GluA: Brij-56: APS: TEOS: H_2O = 1: x: 2: 15: 2335,其中，x = (a) 0, (b) 0.85, (c) 1.15, (d) 1.30, (e) 1.45 和 (f) 1.75, 样品在图 2-1 中用方框所标出

Figure 2-6　XRD patterns of the sample synthesized at 50℃. The chemical molar composition of the reaction mixture was as follows. C_{18}GluA: Brij-56: APS: TEOS: H_2O = 1: x: 2: 15: 2335, where Brij-56/C18GluA molar ratios were x= (a) 0, (b) 0.85, (c) 1.15, (d) 1.30, (e) 1.45 and (f) 1.75. The samples were marked in the Figure 2-1

HRTEM 详细地表征出这些样品的结构特征。图 2−7(a) 是 Brij−56/C_{18}GluA 为 0，即未加 Brij−56 的样品，样品为大小在 60～80nm 的介孔球，内部为无序的笼状结构。Brij−56/C_{18}GluA 物质的量之比为 0.85 的样品结构为 C [图 2−7(b)]，在电镜照片中从顶部和侧面可以清楚地看到进行紧密堆积的六方孔道的衬度。

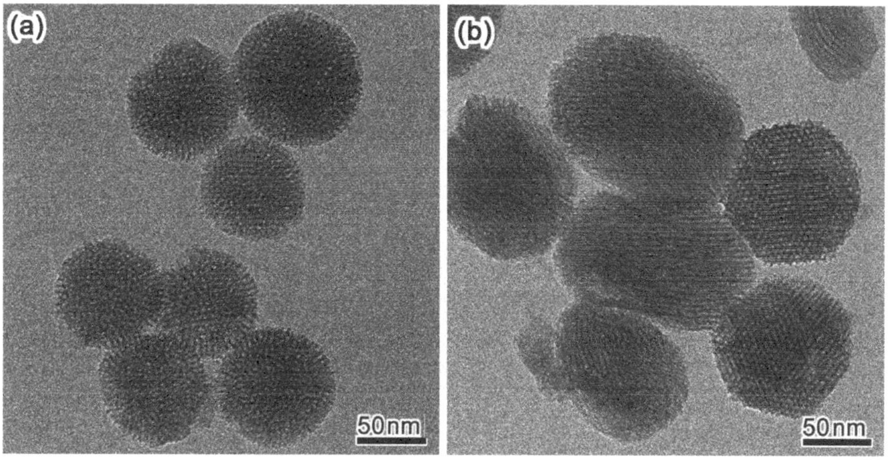

图 2−7 C_{18}GluA/Brij−56 物质的量之比为 (a) 0, (b) 0.85 的 HRTEM 照片，合成温度为 50℃

Figure 2−7 HRTEM images of the sample synthesized with Brij−56/C_{18}GluA molar ratio of (a) 0 and (b) 0.85 at 50℃

在 Brij−56/C_{18}GluA 物质的量之比为 1.15 时，基本上所有的颗粒都是一半为 C、一半为 D 的特殊共生结构 [图 2−8(a)]。图 2−8(b) 对一个颗粒进行了放大，颗粒右边是典型 D 的 [100] 方向，而左面则显示了 C 的二维六方孔道。从傅里叶变换衍射图谱 (FD) 上可以看到 D 的 (221) 衍射点与 C 的 (11) 衍射点重合，说明 D 与 C 具有“肩并肩”生长，D 的 [110] 晶向与 C 的孔道方向所一致。由于 D 在 [110] 方向存在贯通孔道，因此 C 每隔五个孔道与 D 共享一个孔道。但由于其晶体结构不匹配，造成两种结构之间存在一个转角且不能完美连接。

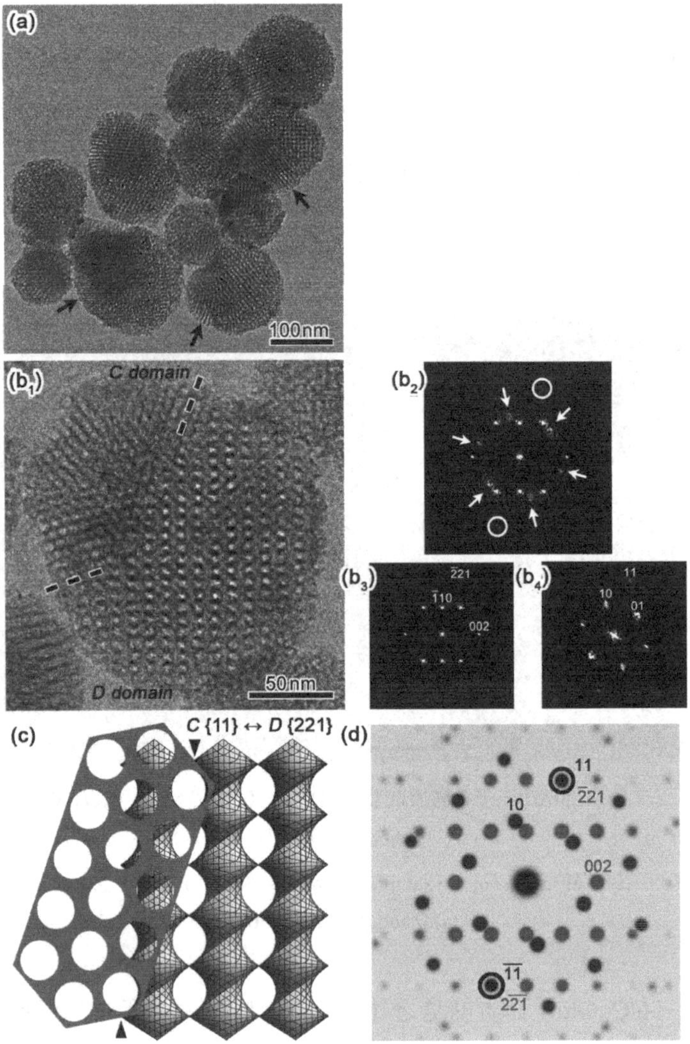

图 2-8　C_{18}GluA/Brij-56 物质的量之比为 1.15 的 HRTEM 照片，合成温度为 50℃

Figure 2-8　HRTEM images of the sample synthesized with Brij-56/C_{18}GluA molar ratio of 1.15 at 50℃

当继续增加 Brij-56/C_{18}GluA 物质的量之比为 1.30 时，生成了一种 C 和 G 的共生结构 (图 2-9)。图 2-9(a)是低倍率 TEM 照片，显示了与 Brij-56/C_{18}GluA 物质的量之比为 1.15 的样品类似的共生结构。从 G 的$[111]_G$ 方向拍摄的 HRTEM 照片显示了 C 和 G 具有两种不同的共生方式。

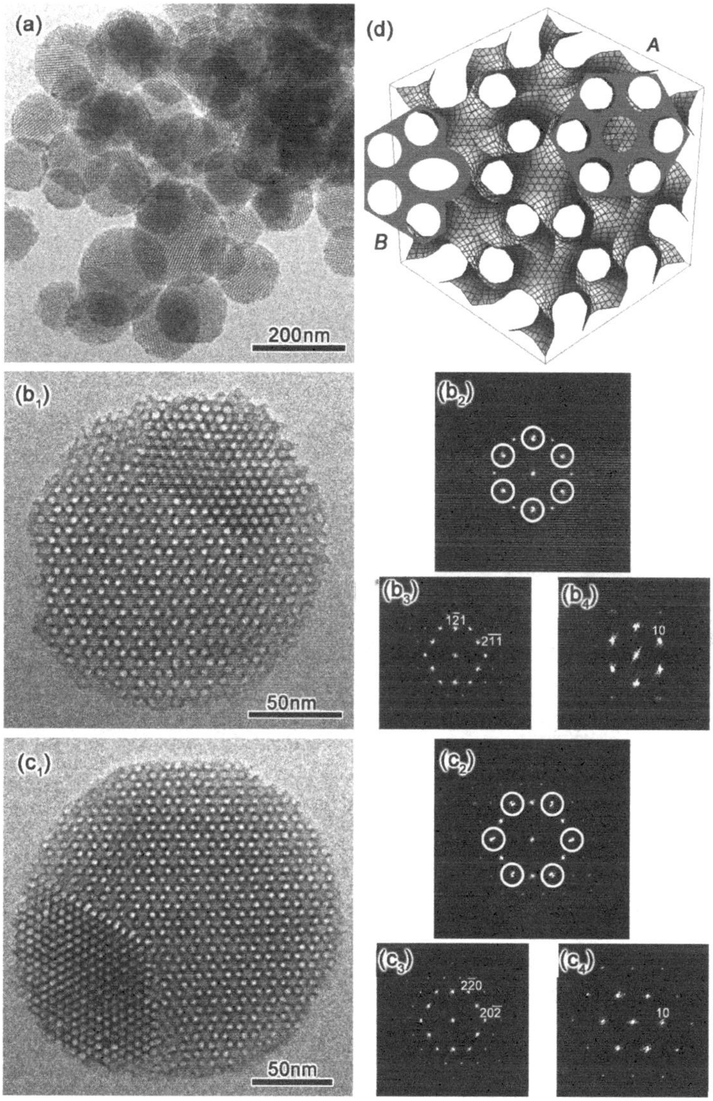

图 2-9　C_{18}GluA/Brij—56 物质的量之比为 1.15 的 HRTEM 照片，合成温度 50℃。(a) 低倍照片，(b、c) 从 $[111]_G$ 方向拍摄的 C 和 G 的共生结构和 FD 图谱，(d) C 和 G 空间取向生长示意

Figure 2-9　HRTEM images of the sample synthesized with Brij-56/C_{18}GluA molar ratio of 1.30 at 50℃. (a) low magnification, (b-c) intergrowth structure of C and G taken along $[111]_G$ direction and the corresponding FDs and (d) a schematic drawing of the observed intergrowth sites of C and G

图 2-9(b_1) 中，可以看到颗粒是由C和G所组成，并且可以观察到明显的边界。在界面处，G 部分 $[111]_G$ 方向上围成一圈的六个白点，即是G中由连续区面所构成的通路，转变成为C的直筒状孔道；同时，在G的六个白点当中，出现另一个C

的孔道，即低电势密度曲面变成前后贯穿的孔道结构。从图 2–9(b_2)～图 2–9(b_4)，可以看出在 FD 图谱上，C 的 {10} 衍射峰和 G 的 {211} 衍射峰位置基本重叠，因此这种取向共生为 C {10} ↔ G {211} 转变。值得注意的是，C 晶区的晶面间距 $d_{(10)C}$ 为 48Å，略小于 G 晶区的晶面间距 $d_{(211)G}$ 52Å。有趣的是，这里又观察到了另一种取向共生的结构，在图 2–9(c) 中，C 的 {10} 衍射峰和 G 的 {220} 衍射峰位置重叠，这种取向共生为 C {10} ↔ G {220} 转变。在这种转变中，C 与 G 仍“肩并肩”地生长，但在界面处它们并不能很好地吻合，因此形成了很多变型的椭圆孔道缺陷结构 (红色箭头)。根据 FD 计算 $d_{(10)C}$ = 47Å，$d_{(220)G}$ = 46Å。

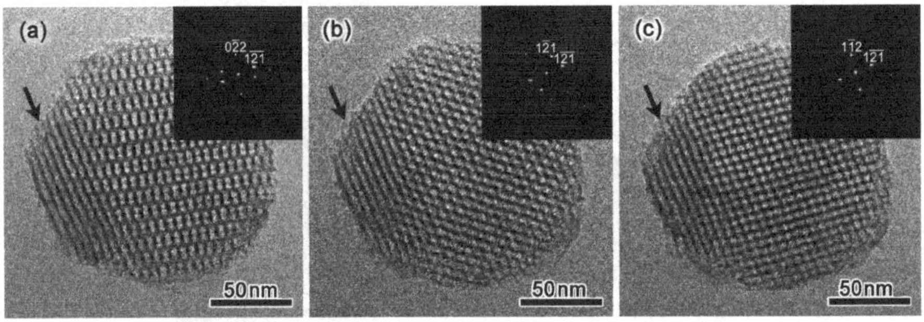

图 2–10　一个 C 与 G 的共生晶体通过共享的 [1∑2∑1]$_G$/[10]$_C$ 轴倾转的 HRTEM 照片, (a) [311]$_G$ 方向；(b) [210]$_G$ 方向；(c) [53∑1]$_G$ 方向

Figure 2–10　HRTEM images of a intergrowth particle with C and G tilting along the common [1∑2∑1]$_G$/ [10]$_C$ axes, (a) [311]$_G$ direction; (b) [210]$_G$ direction; (c) [53∑1]$_G$ direction

之前对于 C 和 G 取向生长的研究中，大多数研究都得到了 C 的孔道方向平行于 G 的立方晶胞的体对角的取向生长，即“肩并肩”生长 C {10} ↔ G {211} 转变。从结构的角度来考虑，因为 G 的 {211} 有着最高的密度，与 C 的直筒状非常接近，因此很容易转化为 C 结构的二维六方孔道[15-20]。对于介孔晶体，Landry 等也提出了这种排列关系[21,22]。Honda 等人提出了另一种 C {10} ↔ G {220} 转变，因为其晶面间距同样符合取向生长的要求[17]，但是根据 Honda 提出的模型，C 的直筒状孔道并不和 G 的通路重叠，而是位于 G 的 <111> 方向的通路中心。

图 2–8(d) 显示了本章观察到的两种连接方式的示意图。A 处为 C {10} ↔ G {211} 转变，而 B 处为 C {10} ↔ G {220} 转变。A 处的结构与之前通过衍射得到的取向方向相同，而 B 处通过缺陷连接 C 与 G 则从未有过报道。

但需要注意的是，在 C {10} ↔ G {211} 取向生长中，一般来说，会有 $d_{(10)C}$ =

$d_{(211)G}$ 关系，而通过 HRTEM 观察到两个晶区的晶面间距为 $d_{(220)G} \approx d_{(10)C} < d_{(211)G}$。一方面，可以看到，在 C {10} ↔ G {211} 转变结构中，远离 G 的部分 C 的晶胞明显减小，而在 C {10} ↔ G {220} 共生结构中，它们可以非常好地进行匹配。因此，在这个晶体中，很可能由于晶面间距数值 $d_{(220)G}$ 和 $d_{(10)C}$ 的一致性，使它们能够匹配而紧密结合，从而诱导形成了 C {10} ↔ G {220} 转变。

此外，为了更好地确认 C {10} ↔ G {211} 转变，将一个晶体颗粒通过沿 $[1\Sigma 2\Sigma 1]_G/[10]_C$ 轴进行倾转来观察 C 晶区和 G 晶区的变化。随着晶体倾转，G 晶区从 $[311]_G$ 方向 [图 2-10(a)] 转到 $[210]_G$ 方向 [图 2-10(b)]，然后转到 $[53\Sigma 1]_G$ 方向 [图 2-10c]。在 G 通过不同晶带轴的过程中，C 晶区始终没有变化，一直显示为二维六方孔道的侧面 (图中用箭头指示)。这说明 C 的孔道方向始终和 G 的一个 {211} 面平行，它们存在着晶体学上的取向生长，且为 C {10} ↔ G {211} 转变。

由于衍射方法的分辨率和使用上的困难，之前的研究中都未能直接观察到 C 和 G 这种共生的关系，而在本书中，由于使用了 HRTEM，不但可以获得倒易空间的信息，更可以直接获得正空间的结构投影照片，因此这两种结构的取向共生关系可以方便地直接观测，从而通过实验证明了这种取向共生的关系并发现了新的结构。

当继续增加 Brij-56/C_{18}GluA 物质的量之比到 1.45 时，结构变为纯的 D，并且形成了一种具有多面体内部形貌的空心球结构。这种形貌的产生是因为形成了非常罕见的“反向”多重孪晶，将在第 3 章对这种空心球的结构、形貌及形成机理进行详细讨论。图 2-11(a) 是低倍率照片，可以明显地看到内部的二十面体空心结构。图 2-11(b) ～图 2-11(d) 分别是从 [100]、[110]、[111] 面拍摄的 HRTEM 照片，可以看到高度有序的介孔晶体结构。

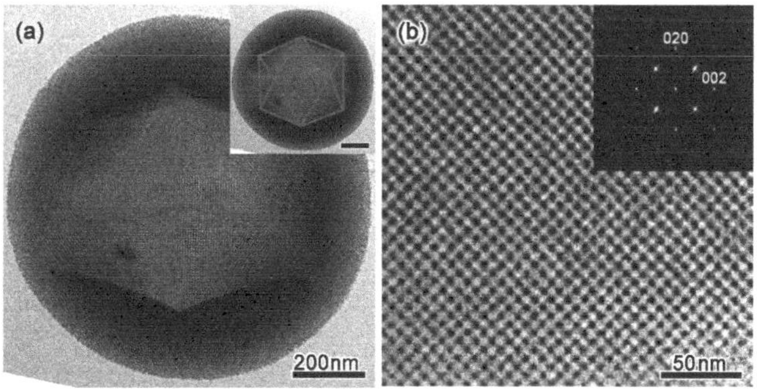

图 2-11　C_{18}GluA/Brij-56 物质的量之比为 1.45 的 HRTEM 照片，合成温度为 50℃。
(a) 低倍照片，可以清晰地看到内部的二十面体形貌，结构模型在内部插图，
(b)[100]方向，(c)[110] 方向和 (d) [111] 方向

Figure 2-11　HRTEM images of the the sample synthesized with Brij-56/C_{18}GluA molar ratio of 1.45, showing spherical shape with an inner icosahedral cavity.
(a) TEM image of the whole sphere with the structural model (inset), HRTEM images taken from (b) [100], (c) [110] and (d) [111] directions

Brij-56/C_{18}GluA 物质的量之比大于 1.60 时，样品又变为纳米球状形貌，而结构变为纯 G。图 2-12(a) ～图 2-12(c) 分别显示了沿 [100]、[110] 和 [111] 方向拍摄的 HRTEM 照片。当 Brij-56/C_{18}GluA 物质的量之比继续增高时 (Brij-56/C_{18}GluA = 1.6～2.0)，介观结构均为 G，然而当 Brij-56 浓度过高时会生成很多杂质。

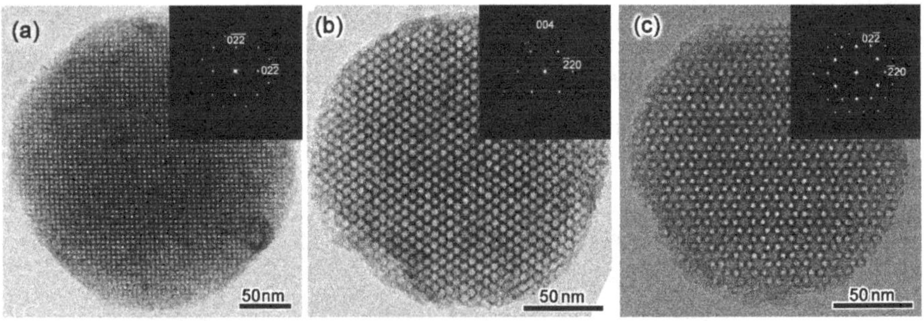

图 2-12　C_{18}GluA/Brij-56 物质的量之比为 1.75 的 HRTEM 照片，合成温度为 50℃。(a) [100] 方向，(b) [110] 方向，(c) [111] 方向

Figure 2-12　HRTEM images of the sample synthesized with Brij-56/C_{18}GluA molar ratio of 1.75 at 50℃, taken from (a) [100], (b) [110] and (c) [111] directions

2.3.2 相变过程的机理和表面曲率研究

上述相变过程表明，在 50℃下不加 Brij−56 的时候，生成了有着最高有机/无机界面曲率的笼状结构，其 $g = 1/3$；添加适量的 Brij−56 之后，生成了具有比笼状结构有机/无机界面低的直筒状孔道 C ($g = 1/2$)。继续增加 Brij−56 生成了两种共生结构，先是 C 和 D 的共生，然后是 C 和 G 的共生；而纯的 D 和 G 也在继续添加 Brij−56 之后合成出来。这两种双连续立方结构有着接近层状的有机/无机界面曲率，其 $g = 2/3$。但是在 50℃下并没有出现 L，因为过高的 Brij−56 浓度造成溶液过于黏稠，不能形成介孔晶体。注意到当 Brij−56/C_{18}GluA 物质的量之比在 1.45～1.75 时，随着反应温度从 30℃升高到 80℃，样品具有C 到双连续立方结构 (D 或/和 G) 再到 L 的结构顺序。而 L 有着最低的有机/无机界面曲率，其 $g = 1$。

这种因为添加 Brij−56 所引发的相变可以通过 Brij−56 改变阴离子表面活性剂 C_{18}GluA 形成胶束的曲率来解释。作为一种非离子表面活性剂，随着温度升高，Brij−56 亲水端 $(EO)_{10}$ 与水的氢键逐渐被破坏，因此亲水性逐渐降低，其浊点为 64～69℃[28]。在温度较高的时候，Brij−56 可以与 C_{18}GluA 的疏水端相容，进入胶束亲水和疏水的“栅栏”部分，从而增加胶束疏水部分的体积，降低有机/无机界面曲率，生成 g 值较大的介观结构。因此，升高温度和添加 Brij−56 都有利于生成小曲率的结构。

从相变过程可以看出，随着增加 Brij−56 的量，介观相从高有机/无机界面曲率的结构转变为低有机/无机界面曲率。由此，得到介观相的顺序为：笼状 → C → C 与 D 共生 → C 与 G 共生 → D → G → L。非常有趣的是，在共生结构中，先出现 D，然后出现 G，而在随后的纯相中，也是先出现 D，再出现 G。

值得注意的是，这里所说的 g 值和曲率得自于 Bonnet 相关最小曲面，此时双连续立方结构的表面活性剂堆积参数 g 为 2/3，且曲面的平均曲率为零。而对于介孔晶体，由于孔壁有一定厚度，因此真实的有机/无机界面并不位于平均曲率 $H = 0$ 的曲面上，且 g 并非 2/3。为了真正区分 D 和 G 的结构，这里通过电子晶体学的方法对这两种结构进行研究。通过从不同方向拍摄的 D 与 G 的 HRTEM 照片 (图 2−11 和 图 2−12)，可以得到各个衍射点的振幅和相位，通过结合不同晶面进行归一化计算进而得到其结构因子表，设最强衍射的振幅为100 (表 2−1 和 表 2−2)。

表 2-1　通过 HRTEM 照片获得的 D 结构的晶体结构因子表 (包含振幅和相位)，其晶胞参数 ***a***= 108 Å

Table 2-1　Crystal structure factors (amplitudes and phases) extracted from HRTEM images of D (***a*** = 108 Å)

h	*k*	*l*	*s*s*	*d*(Å)	Amplitude	Phase
1	1	0	2	76.37	100	π
1	1	1	3	62.35	54.24	0
2	0	0	4	54	13.49	0
2	1	1	6	44.09	3.4	π
2	2	0	8	38.18	0.96	π
2	2	1	9	36	0.71	0
3	1	0	10	34.15	0.3	0
2	2	2	12	31.18	0.31	π
3	2	1	14	28.86	0.33	0
3	3	0	18	25.46	0.2	0
3	3	1	19	24.78	0.2	π
4	2	0	20	24.15	0.11	π
3	3	2	22	23.03	0.12	0

表 2-2　通过 HRTEM 照片获得的 G 结构的晶体结构因子表 (包含振幅和相位)，其晶胞参数 *a* = 136 Å

Table 2-2　Crystal structure factors (amplitudes and phases) extracted from HRTEM images of G (*a* = 136 Å)

h	*k*	*l*	*s*s*	*d*(Å)	Amplitude	Phase
2	1	1	6	55.52	100	π
2	2	0	8	48.08	38.55	π
3	2	1	14	36.35	4.74	0
4	0	0	16	34	6.87	0
4	2	0	20	30.41	5.49	0

续表

h	k	l	$s*s$	d(Å)	Amplitude	Phase
3	3	2	22	29	2.86	0
4	2	2	24	27.76	0.91	0
4	3	1	26	26.67	0.76	π
4	4	0	32	24.04	0.46	0
5	3	2	38	22.06	0.2	0
6	2	0	40	21.5	0.26	π
6	4	0	52	18.86	0.22	π
8	0	0	64	17	0.15	0
8	2	0	68	16.49	0.1	0
8	4	0	80	15.21	0.05	0

由结构因子数据，可以通过反向傅里叶变换得到样品结构的三维电势密度分布，计算公式可以通过国际晶体学表查得[29]。

$$\begin{aligned}\rho_{\mathrm{D}}(XYZ)=\frac{8}{V_{\mathrm{c}}}\Big\{&\sum_{0}^{\infty}\sum_{0}^{\infty}\sum_{0}^{\infty}{}^{h+k=2n,k+l=2n}F(hkl)\cos 2\pi hX\cos 2\pi kY\cos 2\pi lZ-\\&\sum_{0}^{\infty}\sum_{0}^{\infty}\sum_{0}^{\infty}{}^{h+k=2n,k+l=2n+1}F(hkl)\sin 2\pi hX\sin 2\pi kY\cos 2\pi lZ-\\&\sum_{0}^{\infty}\sum_{0}^{\infty}\sum_{0}^{\infty}{}^{h+k=2n+1,k+l=2n}F(hkl)\cos 2\pi hX\sin 2\pi kY\sin 2\pi lZ-\\&\sum_{0}^{\infty}\sum_{0}^{\infty}\sum_{0}^{\infty}{}^{h+k=2n+1,k+l=2n+1}F(hkl)\sin 2\pi hX\cos 2\pi kY\sin 2\pi lZ\Big\}\end{aligned}$$

$$\begin{aligned}\rho_{G}(XYZ)=\frac{8}{V_{c}}\Big\{&\sum_{0}^{\infty}\sum_{0}^{\infty}\sum_{0}^{\infty}{}^{h=2n,k=2n}F(hkl)\cos 2\pi hX\cos 2\pi kY\cos 2\pi lZ-\\&\sum_{0}^{\infty}\sum_{0}^{\infty}\sum_{0}^{\infty}{}^{h=2n,k=2n+1}F(hkl)\sin 2\pi hX\cos 2\pi kY\sin 2\pi lZ-\\&\sum_{0}^{\infty}\sum_{0}^{\infty}\sum_{0}^{\infty}{}^{h=2n+1,k=2n}F(hkl)\sin 2\pi hX\sin 2\pi kY\cos 2\pi lZ-\\&\sum_{0}^{\infty}\sum_{0}^{\infty}\sum_{0}^{\infty}{}^{h=2n+1,k=2n+1}F(hkl)\cos 2\pi hX\sin 2\pi kY\sin 2\pi lZ\Big\}\end{aligned}$$

得到三维电势密度分布后，通过选取一个阈值区分孔壁和孔道就可以得到等电势面，即有机/无机界面。这里选用了最小 Helfrish 能量方法来计算阈值[27,30]。通过计算，D 的孔隙率为 75 %，而 G 的 为 53 %。得到界面之后，实际 g 值就可以通过界面的平均曲率和高斯曲率来进行计算[31]。g 值可以通过晶胞的非对称单元来进行计算，每个晶胞被分为 512×512×512 个区块，令 g 值取值范围为 $0 < g < 1$。D 和 G 的 g 值分布和阈值确定，分别显示在图 2-13(a) 和图 2-13(b) 中。

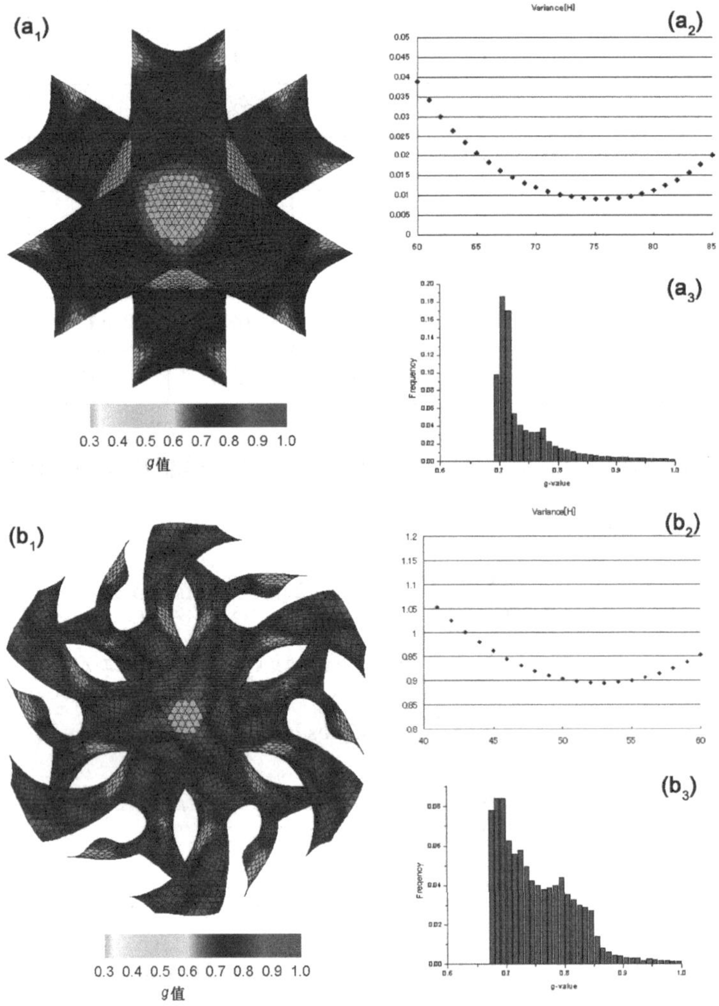

图 2-13　(a) D 与 (b) G 的三维重构及表面实际 g 值分布图

Figure 2-13　3D reconstruction and actual g- parameter distribution of the (a) D and (b) G structure

从 g 值分布图 [图 2-13(a1)] 和图 [2-13(b1)] 可以看出，$\langle g\rangle_D$ 分布很窄，在 0.68～0.75 之间，而 $\langle g\rangle_G$ 的分布则较宽，从 0.65～0.9 都有。计算得出面积平均

g 值为 $\langle g\rangle_D = 0.7261$，标准偏差为 0.1180，而 $\langle g\rangle_G = 0.7436$，标准偏差为 0.0939。这个结果说明该体系内合成出的 D 和 G 有着非常接近的 g 值，而 $\langle g\rangle_G$ 更高，偏向于层状结构，$\langle g\rangle_D$ 则更加接近于 C。这与实验所得到的笼状 → C → C 与 D 共生 → C 与 G 共生 → D → G → L 的相变顺序一致。同时极为接近的 $\langle g\rangle_D$ 与 $\langle g\rangle_G$ 很可能是引发 C 与 D 或 G 共生结构与纯相交错排列的原因。

根据 Hyde 的理论，G 应该更加接近于 C，而 D 更加接近于 L[24]，而 Miyasaka 等人通过分析 MCM-48 (G) 与 AMS-10 (D)，也证明了 Hyde 的理论[30]。而本书的结果刚好相反。因此，需要分析在不同阈值下 D 与 G 的 $\langle g\rangle$ 分布 (图 2-14)。可以看出，在同样的阈值分布情况下，大部分 $\langle g\rangle_D$ 值都要大于 $\langle g\rangle_G$，而若 D 和 G 有不同的孔隙率，则 $\langle g\rangle_G$ 可能会高于 $\langle g\rangle_D$，从而造成 G 更加接近于 L 的情况，本书中，D 的孔隙率为 75 % 而 G 为 53 % 时，出现了相反的情况。

在之前的研究中，因为从未在同一体系中得到过 D 和 G 的结构，所以未能对其曲率或 $\langle g\rangle$ 值做直接比较，因此这也是第一次根据实验区分 D 和 G 的真实 $\langle g\rangle$ 值。

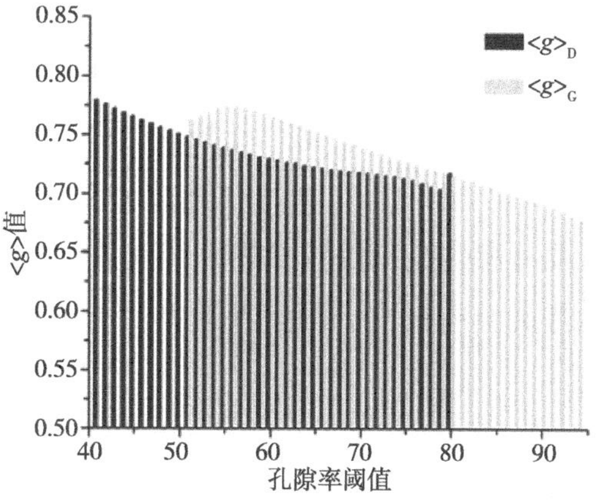

图2-14　不同孔隙率下 D 与 G 的 $\langle g\rangle$ 值分布

Figure 2-14　$\langle g\rangle$ value of G and D phase at various threshold

2.4　结论

本章使用氨基酸头部的阴离子表面活性剂和共结构导向剂，通过添加非离子共表面活性剂 Brij-56，合成了具有不同有机/无机界面曲率的一系列介孔晶体。

作为一种非离子表面活性剂，随着温度的增高，Brij−56 的亲水性逐渐降低，在温度较高时候，Brij−56 可以与 C_{18}GluA 的疏水端相容，进入胶束亲水和疏水的“栅栏”部分，从而增加胶束疏水部分的体积，降低有机/无机界面曲率，生成 g 值较大的介观结构。因此，升高温度和添加 Brij−56 都有利于生成小曲率的结构。

在 30℃时，随着增加 Brij−56 的量，介孔结构从笼状转变到 C，而在 80℃下合成的样品从笼状转变到 L。有趣的是，在 50℃下，随着 Brij−56 添加量的增加，介孔结构从笼状转变到 C，继而生成 C 和 D 的共生结构，然后生成 C 和 G 的共生结构，形成纯 D，最终形成纯的 G。

即随着 Brij−56 加入量的增高，介观相从高有机/无机界面曲率的结构转变为低有机/无机界面曲率的结构。对比不同温度下的合成结果，得到介观相的顺序为：笼状 → C → C 与 D 共生 → C 与 G 共生 → D → G → L。在此，第一次得到了含有两种双连续立方结构的相图，对它们的相变顺序进行了完整研究，并且通过电子晶体学的方法根据实验所得出的平均曲率和高斯曲率值计算得出 D 和 G 的真实 $\langle g \rangle$ 值，从而在同体系中通过实验结果区分了这两种最小表面的双连续立方结构。

此外，还通过 HRTEM 研究确认了 C 与 G 的取向共生关系。通过 HRTEM 直接观察到了它们的“肩并肩”生长，即被广泛报道的 C {10} ↔ G {211} 转变，并且第一次观察到了通过缺陷连接的 C {10} ↔ G {220} 转换。

这些对于介孔晶体相转变和曲率的发现，不但在介孔晶体结构的控制、合成上，也在介孔晶体基础结构研究方面以及新型功能材料的设计上有着重要的意义。

2.5 参考文献

[1] Israelachvili J N, Mitchell D J, Ninham B W. J. Chem. Soc. Faraday Trans. ,2 1976, 72: 1525.

[2] Kresge C T, Leonowicz M E, Roth W J, Vartuli J C, Beck J S. Nature, 1992, 359: 710.

[3] Huo Q, Margolese D I, Stucky G D. Chem. Mater., 1996, 8: 1147.

[4] Zhao D, Feng J, Huo Q, Melosh N, Fredrickson G H, Chmelka B F, Stucky G D. Science, 1998, 279: 548.

[5] Tanev P T, Pinnavaia T J. Science, 1995, 267: 865.

[6] Huo Q, Margolese D I, Ciesla U, Feng P, Gier T E, Sieger P, Leon R, Stucky G D. Nature, 1994, 368: 317.

[7] Kaneda M, Tsubakiyama T, Carlsson A, Sakamoto Y, Ohsuna T, Terasaki O. J. Phys. Chem., B 2002, 106: 1256.

[8] Sakamoto Y, Kaneda M, Terasaki O, Zhao D, Kim J M, Stucky G D, Shin H J, Ryoo R. Nature, 2000, 408: 449.

[9] Yu C Z, Tian B Z, Fan J, Stucky G D, Zhao D. J. Am. Chem. Soc., 2002, 124: 4556.

[10] Che S, Garcia-Bennett A E, Yokoi T, Sakamoto K, Kunieda H, Terasaki O, Tatsumi T. T. Nature Mater., 2003, 2: 801.

[11] Gao C, Sakamoto Y, Sakamoto K, Terasaki O, Che S. S. Angew. Chem. Int. Ed., 2006, 45: 4295.

[12] Garcia-Bennett A E, Kupferschmidt N, Sakamoto Y, Che S, Terasaki O. Angew. Chem. Int. Ed., 2005, 44: 5317.

[13] Gao C, Sakamoto Y, Terasaki O, Che S. Chem. Eur. J., 2008, 14: 11423.

[14] Jain A, Toombes G E S, Hall L M, Mahajan S, Garcia C B W, Probst W, Gruner S M, Wiesner U. Angew. Chem. Int. Ed., 2005, 44: 1226.

[15] Rançon Y, Charvolin J. J. Phys. Chem., 1988, 92, 6339; 1998, 92: 2646.

[16] Matsen M W. Phys. Rev. Lett., 1998, 80: 4470.

[17] Honda T, Kawakatsu T. Macromolecules, 2006, 39: 2340.

[18] Förster S, Khandpur A K, Zhao J, Bates F S, HamLey I W, RyanA J, Bras W. Marcomolecules, 1994, 27: 6922.

[19] Wang C Y, Lodge T P. Macromolecules, 2002, 35: 6997.

[20] Vigild M E, Almdal K, Mortensen K, HamLey I W, Fairclough J P A, Ryan A J. Marcomolecules, 1998, 31: 5702.

[21] Squires A M, Templer R H, Seddon J M. Langmuir, 2002, 18: 7384.

[22] Squires A M, Templer R H, Seddon J M, Woenkhaus J, Winter R, Narayanan T, Finet S. Phys. Rev. E., 2005, 72: 11502.

[23] Conn C E, Ces O, Squires A M, Mulet X, Winter R, Finet S M, Templer R H, Seddon J M. Langmuir, 2008, 24: 2331.

[24] Hyde S. Handbook of applied surfaces and colloid chemistry. Edited by Krister Holmberg, John Wiley and Sons, 2001.

[25] Gallis K W, Landry C C. Chem. Mater., 1997, 9: 2035.

[26] Landry C C, Tolbert S H, Gallis K W, Monnier A, Stucky G D, Norby P, Hanson J C. Chem. Mater., 2001, 13: 1600.

[27] Miyasaka K, Terasaki O. Angew. Chem. Int. Ed., 2010, 49: 8867.

[28] Quina F H, Hinze W L. Ind. Eng. Chem. Res., 1999, 38: 4150.

[29] International Tables for Crystallography, Volume A. 4.7. Geometrical structure factors and electron density formulae for the three-dimensional space groups.

[30] Helfrich W Z. Naturforsch,. 1973, C28: 693.

[31] Hyde S T, Andersson S, Larsson K, Blum Z, Landh T, Lidin S, Ninham B W. <The Language of Shape>, Elsevier Science B. V., Amsterdam, 1997"— Chapter 4.

第3章　具有多面体内部形貌的介孔空心球晶体

3.1　引言

晶体不但有周期性的内部结构，还有规则的外形。晶体外形一般是由其内部结构和表面能量所决定的，不同的晶面会有不同的物理特性。一般情况下晶体的外形与其结构的点群对称性相一致，并能够反应晶体的生长和形成机理。到目前为止，已有很多文献报道了具有不同形貌和不同结构的介孔晶体。例如，MCM-48 介孔晶体 (空间群 $Ia\sum 3d$) 具有切掉顶点的菱形十二面体外形[1]；HMM-3 介孔晶体 (空间群 $Pm\sum 3n$) 具有十八面体外形[2,3]；SBA-1 介孔晶体 (空间群 $Pm\sum 3n$) 具有七十二面体和五十四面体的外形[4-6]；SBA-7 介孔晶体 (空间群 $P6_3/mmc$) 具有清晰可辨的二十个镜面和一个六次轴[7]；FDU-1 介孔晶体 (空间群 $Im\sum 3m$) 有着菱形十二面体外形[8]；而 FCC (空间群 $Fm\sum 3m$) 会形成二十面体或十面体晶体外形[9,10]。另外，介孔材料也会形成空心球结构，通过表面活性剂/微乳液双模板法可以合成出具有垂直于空心球表面或者无序排列孔道的介孔空心球[11-13]，这里两亲性表面活性剂分子在形成空心球和介孔结构方面都起着关键性的作用。

作为介孔晶体的结构导向剂，阴离子表面活性剂是一种非常优秀的模板分子，可以形成各种不同形貌的有机组装体，如管状或囊泡状[14]。通过使用阴离子表面活性剂和共结构导向剂 (CSDA)，可以合成出高度有序的介孔晶体。CSDA 的氨基或季铵离子与阴离子表面活性剂发生静电相互作用，硅氧烷部分则与无机源进行共缩聚形成硅壁，使得阴离子表面活性剂这一类廉价表面活性剂能够导向合成一系列高度有序的介孔晶体 AMS−n[15-23]。最近 Gao 等人研究了使用长链谷氨酸表面活性剂为模板，通过调节表面活性剂头部质子化程度，发现介孔晶体的结构随着有机/无机界面曲率的增加，从双连续立方 $Pn\sum 3m$ 结构变为二维六方结构，继而变为笼状结构 ($Fd\sum 3m$，$Pm\sum 3n$，$P4_2/mnm$，$Fm\sum 3m$)[23]。这种合成方法开创了用阴离子表面活性剂合成介孔晶体的先河，并且在介孔晶体的结构的设计和合成上都有着重要的意义。

在第 2 章中，通过使用 N−十八烷基−L−谷氨酸 (C_{18}GluA) 作为模板、3−氨丙基三乙氧基硅烷 (APS) 作为共结构导向剂 (CSDA)、正硅酸乙酯 (TEOS) 作为无机硅源，在非离子表面活性剂 $C_{16}(EO)_{10}$ (Brij−56) 的作用下合成出了一系列的介孔晶体。在 Brij−56/C_{18}GluA 物质的量之比为 1.45 时得到了一种具有内部规则多面体形貌的介孔空心球晶体 (polyhedral hollow − crystal shell mesoporous silica sphere)。本章将重点论述该晶体的结构、形貌及形成机理。

3.2 实验部分

3.2.1 试剂

正硅酸乙酯 (TEOS) 购于中国药品试剂集团上海分公司，3−氨丙基三甲氧基硅烷 (APS) 购于 TCI 公司，非离子表面活性剂 $C_{16}(EO)_{10}$ (Brij−56) 购于 Aldrich 公司，阴离子表面活性剂 N−十八烷基−L−谷氨酸 (C_{18}GluA) 购于 Ajinomoto 公司。所有试剂未经再加工处理。

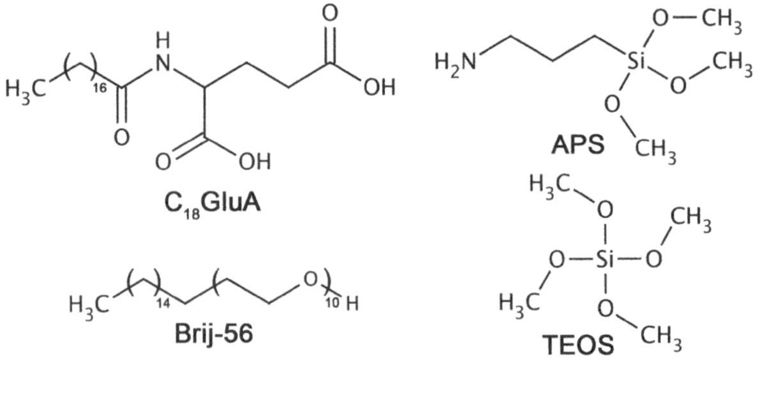

3.2.2　介孔晶体的合成

介孔晶体合成过程如下：称取0.207g（0.5mmol）C_{18}GluA和0.5g (0.725mmol) Brij-56分散到21g (1.167mol) 去离子水中，在50℃下搅拌，向该溶液中同时加入0.179g (1mmol) APS和1.56g(7.5mmol) TEOS。20min后停止搅拌，并继续在该温度下水浴中老化48h。将生成的白色粉末过滤分离，60℃下干燥过夜，并在550℃下焙烧6 h去除表面活性剂。

3.2.3　介孔晶体的表征

介孔硅粉末的X射线衍射（XRD）使用Rigaku RINT 2000/PC测定，采用Cu Kα辐射 (λ = 0.15406nm)，操作功率为0.8kW(40kV，20mA)，扫描速率为1.0(°)/min，扫描范围为1°～6°(2θ)。

样品的高分辨透射电子显微图像 (HRTEM) 使用JEOL JEM-3010拍摄，电子束加速电压300kV，球差系数 C_s = 0.6mm，点分辨率1.7Å。HRTEM图像由CCD (Keenview, 1376像素 × 1096像素，像素尺寸6.4μm × 6.4μm) 获取。拍摄条件是50k ~ 80 k放大倍率，低剂量电子束照射。

样品的形貌特征使用扫描电子显微镜 (SEM) JEOL JSM-7401F拍摄，电子束加速电压1kV，分辨率约1.4nm。为了获得样品表面真实形貌，没有对样品进行镀金处理。

样品的截面是通过JEOL cross section-polisher (CP) 使用氩离子对样品进行铣削得到的。

样品的孔性质通过在77K液氮条件下使用Quantachrome Nova 4200E孔隙率仪进行氮气吸附-脱附测试得到。样品的比表面积采用Brunauer-Emmett-Teller (BET)方法求得，孔径分布由Barrett-Joyner-Halenda (BJH)方法求得。

3.3　结果与讨论

这种多面体空心球晶体的合成条件为物质的量之比为C_{18}GluA：Brij-56：APS：

TEOS : H_2O=1 : 1.45 : 2 : 15 : 2335。图 3-1 显示了多面体空心球晶体的 SEM 照片，可以看到该样品具有球状的外形，粒径为 600nm～2μm。

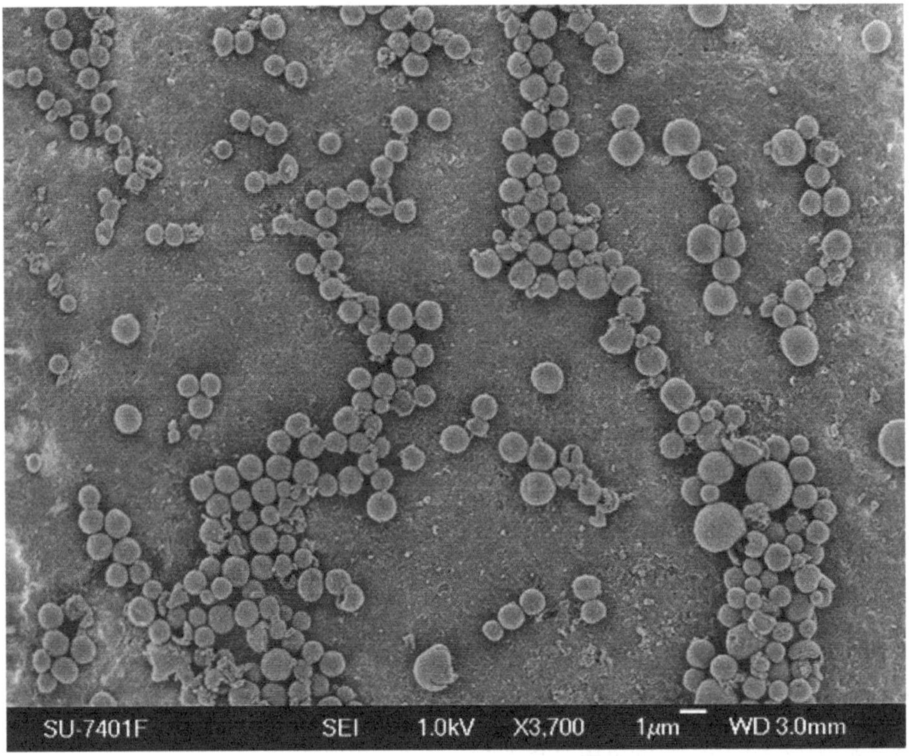

图 3-1　焙烧后的多面体空心球的低倍率 SEM 照片

Figure 3-1　SEM image of the hollow mesoporous silica spheres

为了显示其空心的内部形貌，这里利用了氩离子铣削技术 切割开空心球而看到其内部的空心结构 (图 3-2)，从图中可以看到这些球体都呈现出空心球的形貌，并且球体内表面具有多面体的结构特征。

高倍率 SEM 照片如图 3-3(a)所示，可以看出这些颗粒是具有粗糙外表的球状形貌，而 CP 铣削后的样品体现出不同多面体结构的内部形貌。最有趣的是，很多颗粒都呈现出一种规则二十面体的内部空心结构，其内部为二十个三角形的晶面，五个晶面通过一个共同的顶点连接在一起，即具有五重对称性 [图 3-3(b)]。此外，还有一些颗粒具有其它内部形貌，有些为四个晶面通过同一个顶点连接 [图 3-3(c)]，还有一些为三个晶面通过同一个顶点连接 [图 3-3(d)]。

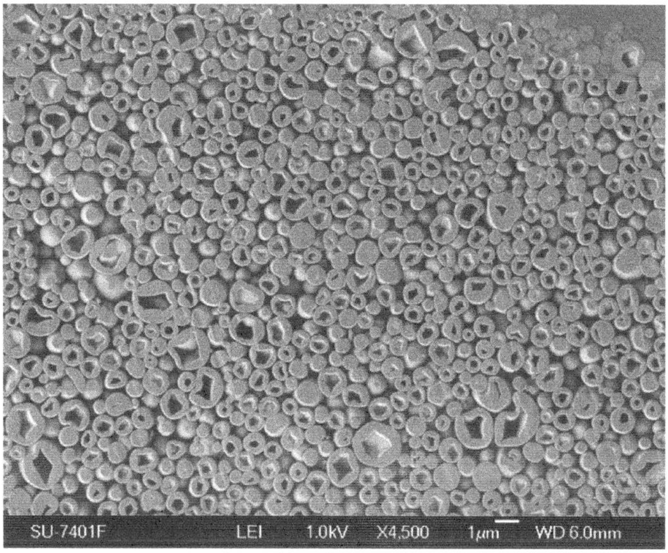

图3-2　焙烧后的多面体空心球经过CP铣削后的SEM截面照片

Figure 3-2　SEM image of the cross—section of the hollow spheres, showing a hollow structure with inner morphologies

图3-3　焙烧后多面体空心球的(a) SEM照片和(b)～(d)经过氩离子CP铣削后的SEM截面照片

Figure 3-3　Morphology of the polyhedral hollow crystal mesoporous silica spheres mesoporous silica sphere after calcination. (a) SEM image, showing a spherical shape. (b)～(d), CP of the spheres, showing various inner morphologies

自身结构是形成这种独特的多面体空心球的形貌的最主要原因，其XRD图谱如图3-4所示。该样品在1°<2θ<2°有两个具有d值比为$\sqrt{3}/\sqrt{2}$的衍射峰，经过HRTEM的检验，这两个衍射峰可以标定为双连续立方结构D的(110)和(111)衍射峰，空间群为$Pn\Sigma 3m$，其晶胞参数a=108Å。

氮气吸附－脱附结果[图3-5(a)]表明这种空心球是介孔材料的典型Ⅳ型吸附曲线，并且在0.5 < P/P_0 < 0.8有一个明显的回滞环，该样品具有非常高的比表面积和孔容，分别为688.5$m^2 \cdot g^{-1}$和1.33$cm^3 \cdot g^{-1}$，根据BJH的脱附线得到的孔径约为5.3nm，样品的孔径分布曲线如图3-5(b)所示。

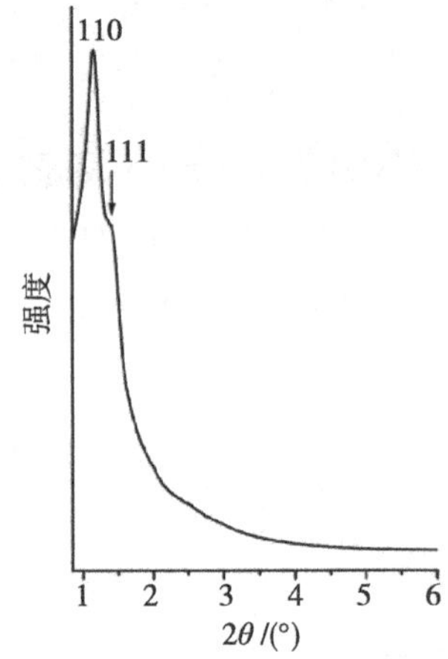

图3-4　焙烧过后多面体空心球的XRD图谱

Figure 3-4　XRD pattern of the calcined polyhedral hollow crystal spheres

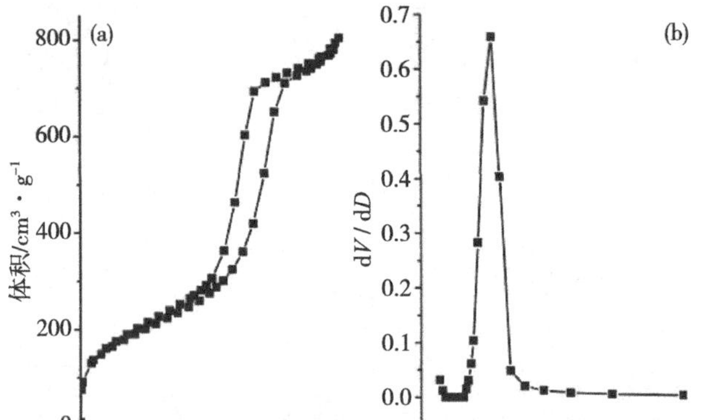

图3-5　焙烧过后多面体空心球的(a)氮气吸附—脱附曲线和(b)孔径分布曲线

Figure 3-5　(a) Nitrogen adsorption—desorption isotherm, and (b) pore size distribution of the hollow spheres, calculated by the BJH method based on the desorption branch

由于空心球球壳衬度重叠，很难确定其介孔结构，因此选择通过研钵将空心球敲碎，并通过 HRTEM 确定其孔道结构。图 3−6(a)～图 3−6(c) 分别是从 [100]、[110]、[111] 面拍摄的 HRTEM 照片，可以看到高度有序的介孔晶体结构。从傅里叶变换衍射图谱 (FDs) 得出。其消光规律为 $\{hkl$: 无$\}$，$\{0kl: k + l = 2n\}$，$\{hhl$: 无$\}$，$\{00l: l = 2n\}$。根据消光规律得到两种可能的空间群：$Pn\sum 3$ (201) 或 $Pn\sum 3m$ (224)。按惯例将具有较高对称性的空间群 $Pn\sum 3m$ 指定为该多面体空心球晶体的空间群。

表 3-1 通过 HRTEM 照片获得的 D 结构的晶体结构因子表 (包含振幅和相位)，其晶胞参数 a = 108Å

Table 3−1 Crystal structure factors (amplitudes and phases) extracted from HRTEM images of D (a = 108Å)

h	k	l	$s*s$	d(Å)	Amplitude	Phase
1	1	0	2	76.37	100	π
1	1	1	3	62.35	54.24	0
2	0	0	4	54	13.49	0
2	1	1	6	44.09	3.4	π
2	2	0	8	38.18	0.96	π
2	2	1	9	36	0.71	0
3	1	0	10	34.15	0.3	0
2	2	2	12	31.18	0.31	π
3	2	1	14	28.86	0.33	0
3	3	0	18	25.46	0.2	0
3	3	1	19	24.78	0.2	π
4	2	0	20	24.15	0.11	π
3	3	2	22	23.03	0.12	0

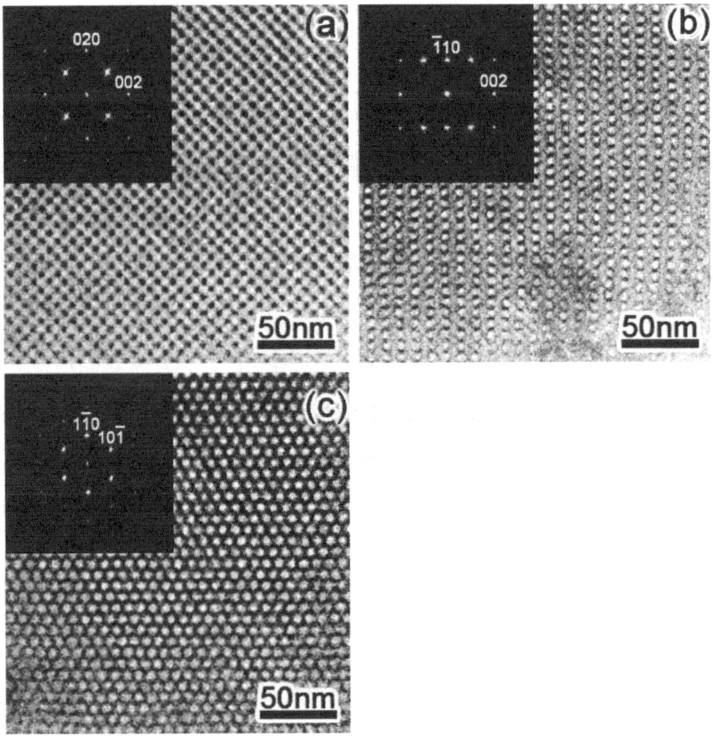

图 3-6　多面体空心球晶体从 (a) [100] 方向、(b) [110] 方向和 (c) [111] 方向拍摄的 HRTEM 照片

Figure 3-6　HRTEM images and corresponding Fourier diffractograms (FDs) taken along the (a) [100] direction、(b) [110] direction, (c) [111] direction

为了得到晶体的三维结构信息，这里通过电子晶体学的方法对该结构进行了三维重构，其结构因子表见表 3-1，设最强衍射的振幅为 100。电势密度计算公式为[24]

$$\rho_{D}(XYZ)=\frac{8}{V_{c}}\left\{\sum_{0}^{\infty}\sum_{0}^{\infty}\sum_{0}^{\infty}{}^{h+k=2n,k+l=2n}F(hkl)\cos 2\pi hX\cos 2\pi kY\cos 2\pi lZ-\right.$$
$$\sum_{0}^{\infty}\sum_{0}^{\infty}\sum_{0}^{\infty}{}^{h+k=2n,k+l=2n+1}F(hkl)\sin 2\pi hX\sin 2\pi kY\cos 2\pi lZ-$$
$$\sum_{0}^{\infty}\sum_{0}^{\infty}\sum_{0}^{\infty}{}^{h+k=2n+1,k+l=2n}F(hkl)\cos 2\pi hX\sin 2\pi kY\sin 2\pi lZ-$$
$$\left.\sum_{0}^{\infty}\sum_{0}^{\infty}\sum_{0}^{\infty}{}^{h+k=2n+1,k+l=2n+1}F(hkl)\sin 2\pi hX\cos 2\pi kY\sin 2\pi lZ\right\}$$

这里使用最小 Helfrish 能量方法来计算孔隙率阈值[25,26]。三维重构结果表明，

该结构是由 Diamond 曲面分割成的双连续立方介孔结构，在每个节点上存在4个分支管道，与 AMS-10 的结构类似[10]。 图 3-7 显示了经三维重构的一个晶胞沿 [111] 方向的结构图和两套符合金刚石结构的双连续孔道结构示意图。

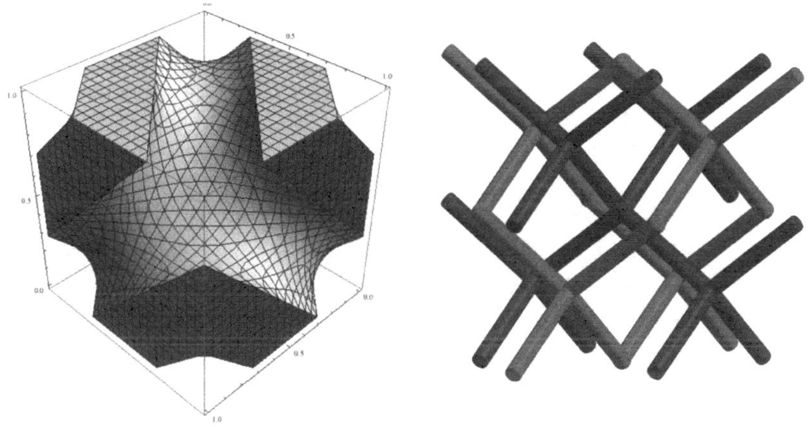

图3-7　多面体空心球晶体的三维重构结果双连续金刚石结构的孔道走向示意图

Figure 3-7　3D reconstruction of one unit cell along the [111] direction and the schematic representation of the double diamond structure

随后对这种多面体空心球的球壳结构进行了研究。图3-8是一个具有二十面体内部形貌的空心球晶体。若从二十面体的两对边中点连线的方向拍摄，该晶体会显示出2次轴对称性，如图3-8(a)所示，可以明显地观察到其多面体内部形貌，插图是将其球内二十面体的结构模型附于TEM照片上，与TEM图像衬度有很好的吻合。有趣的是，在球壳上两个晶区的结合部分，发现了孪晶的结构。图3-8(b)为从孪晶结构的公共[∑110]方向拍摄的HRTEM照片。从图中可以清楚地看到，在孪晶面两边的晶区以孪晶面互为镜面，各自的[∑111]、[110] 和[111]方向均垂直于公共的[∑110]方向且彼此相差35.3°，由此推断，该二十面体的内部晶面为 (111)面，且孪晶面也为(111)面。而将该晶体通过倾转从两对面中心连线方向拍摄时，晶体显示出∑3 对称性[图 3-8(c)]，中央部分放大的HRTEM照片显示了 *Pn*∑3*m* 结构典型的＜111＞衬度，证实了该空心球内部的二十面体晶面为{111}面。因此，二十面体是由各个晶区分别与邻接的晶区通过共享{111}晶面形成多重孪晶结构形成的，且二十面体的二十个内表面均为{111}面。

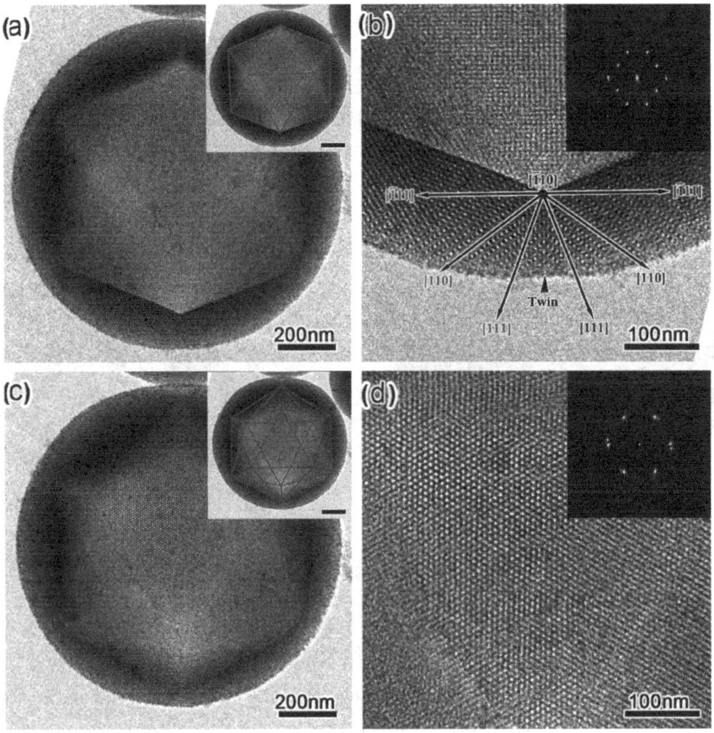

图 3-8 具有二十面体内部形貌的多面体空心球晶体 (a) 从两对边中点连线方向拍摄的 TEM 照片并添加了结构模型 (内插图) (b) 球壳的孪晶结构的 HRTEM 照片及其 FD, (c) 从两对面中心连线方向拍摄的 TEM 照片并添加了结构模型 (内插图) 和 (d) 中央部分 (三角形中心) 的 HRTEM 照片

Figure 3-8 HRTEM images of the polyhedral hollow crystal hollow sphere with an inner icosahedral shape. (a) TEM image taken from the intersection edge of two triangles overlaid with the structural model (inset), (b) Magnified TEM image of the twin plane. (c) TEM image taken from the center of a triangle with the structural model (inset) and (d) Magnified TEM image of the center area

此外，通过 HRTEM 也观察到了具有其它内部形貌的多面体空心球晶体。图 3-9(a)为一具有十面体内部形貌的空心球，可以看到其 5 重对称的结构，并且其能够得到类似于准晶的 10 重对称的衍射花样。图 3-9(b)显示了中央部分的放大 HRTEM 照片，可以观察到五个孪晶面交汇在中心点。通过 HRTEM 的衬度使用金刚石模型对中心的五重对称中心进行了构建，模型在图 3-9（b）的小图中，可以看到，五个孪晶的晶区共享相同的[110]且所有内表面为{111}面。此外，在 HRTEM 观察中发现，有些颗粒呈现单晶的结构，图 3-9(c)为在[100]方向拍摄的晶体，其内部为一个切掉了六个顶点的正八面体，又叫做 Wulff 多面体，由八个 {111} 面和六

个 {100} 面构成。除此以外，还有一些颗粒部分结构为多重孪晶，部分结构为单晶，可以组合成为不同的多面体内部形貌。在图 3-3 中所观察到的几种不同的晶面取向方式中，四个晶面共享一个顶点的情况为正四面体或正八面体的四个 {111} 面，而三个晶面共享一个顶点的情况则为含有 {111} 和 {100} 面的 Wulff 多面体的部分结构。

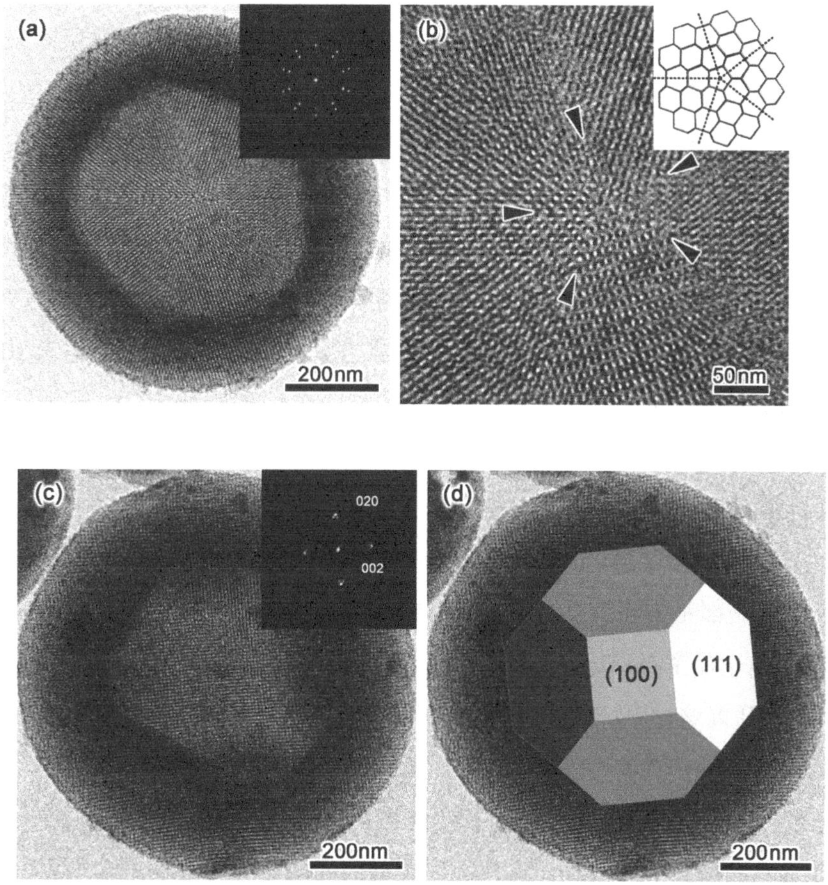

图3-9　具有十面体内部形貌和 Wulff 多面体内部形貌的多面体空心球晶体

(a) 十面体空心球的 TEM 照片和 FD, (b) 5 重对称部分的放大 HRTEM 照片及结构模型

(c) 具有 Wulff 多面体内部形貌的单晶空心球晶体的 TEM 照片和 FD,

(d) 添加了 Wulff 多面体三维模型的 TEM 照片

Figure 3-9　HRTEM images of the polyhedral hollow crystal spheres with decahedral and Wulff polyhedral hollow shapes. (a) TEM image taken from the common [110] direction of the decahedron shape, b) magnified TEM image of the center area. (Insert: structural model of the fivefold center), (c) TEM image taken from [100] direction of a Wulff polyhedron, and (d) TEM image overlaid with the Wulff polyhedron model

由此，通过 HRTEM 的解析，说明这种多面体空心球的形成是由于其球壳形成了“反向”多重孪晶 (Multiply Twinned Particles, MTPs) 结构所致。多重孪晶是在 20 世纪 60 年代由 Ino 等人发现的，该理论成功地解释了在超高真空中，在氯化钠或氯化钾表面沉积金薄膜时形成的特殊十面体或二十面体形貌[27]。对于面心立方 (fcc) 晶体来说，其晶面的表面能量 (γ) 顺序为 $\gamma\{111\} < \gamma\{100\} < \gamma\{110\}$，因此，面心立方的单晶会趋向于形成正四面体或者正八面体结构使得所有表面均为 {111} 来降低其表面能量。但一般情况而言，形成的单晶粒子会趋向于生成近似于球形的 Wulff 多面体，通过降低表面积的方式来降低总界面自由能；同时，晶体也可以形成多重孪晶的十面体或二十面体来使所有表面都为 {111} 来降低表面能[28]。而具有面心立方结构的介孔晶体，也具有多重孪晶所形成的十面体或二十面体的形貌[9,10]。由于介孔晶体在骨架完成缩聚之前非常柔软，因此很容易克服形成 5 重对称时由角度差所造成的内部应力 (立方紧密堆积的正四面体角为 109.5°，而正五边形的角度为 108°)。

锗晶体具有和金刚石类似的结构，在锗晶体中同样也发现了多重孪晶结构[29]，其共价键有足够的韧性来克服角度差所造成的内部应力。本章中，形成多重孪晶的介孔晶体具有双连续金刚石结构，因此与锗晶体的多重孪晶结构类似，但是以前的多重孪晶都是由正四面体共享 {111} 面来进行堆积，从未有过本书中这种“反向”的多重孪晶空心球球壳结构。

为了研究这种“反向”多重孪晶空心球的形成机理，在其合成过程中，从同一反应容器中按时间取样，投入液氮中，经过冷冻干燥后通过 XRD、SEM 和 TEM 来对样品进行研究。时间过程样品的 XRD 图谱在图 3-10 中。在加入 APS 与 TEOS 后的 1h 内，样品在 $2\theta = 2° \sim 5°$ 内出现了晶面间距比为 1∶2 的两个衍射峰，对应层状结构的 (1) 和 (2) 衍射，1h 之后直到 12h，层状峰逐渐消失，而在 $2\theta = 1° \sim 2°$ 范围内出线两个晶面间距比为 $\sqrt{3}/\sqrt{2}$ 的衍射峰，对应了双连续金刚石结构的形成。因此通过 XRD 的研究表明，双连续金刚石的 $Pn\Sigma3m$ 结构是在层状结构生成之后通过后续的结构转变而形成的。

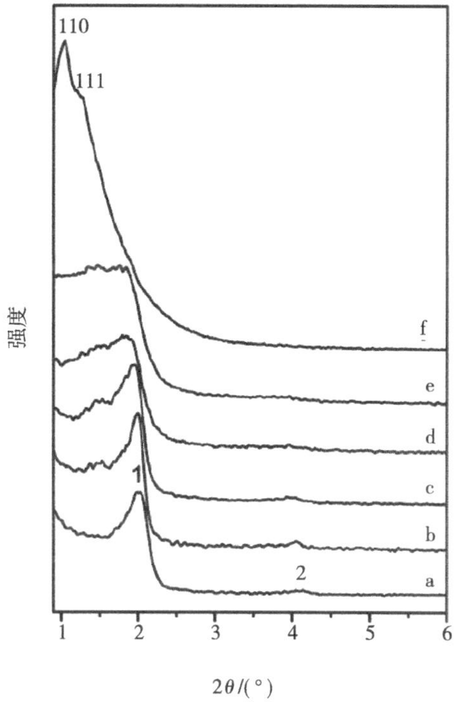

图 3-10　形成过程中不同老化时间样品的 XRD 图谱；(a) 10min, (b) 1h, (c) 2h, (d) 3h, (e) 4h 和 (f) 12h

Figure 3-10　XRD pattern of the as—synthesized product aged for different reaction periods (a) 10min, (b) 1h, (c) 2h, (d) 3h, (e) 4h and (f) 12h

通过 SEM 照片和 TEM 照片可以直观地观察到空心球的形成过程。从 SEM 照片 (图 3-11) 中可以看到，反应 10min 之后就可以观察到众多连接在一起的空心球结构，随着反应的进行，空心球逐渐分离并各自生长，3h 以后已经基本形成独立的空心球。

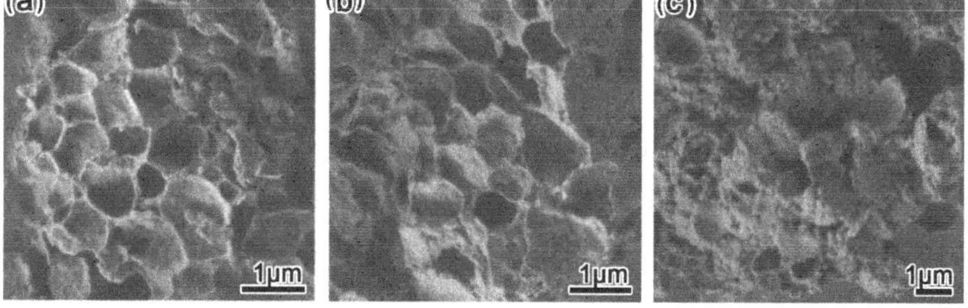

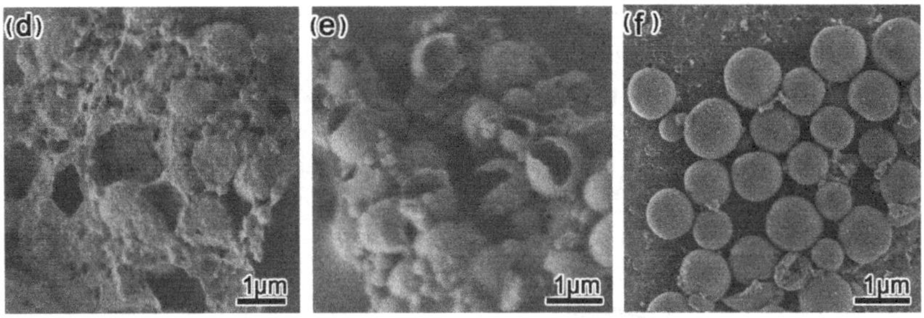

图3-11　空心球晶体形成过程不同反应时间样品的 SEM 照片 (a) 搅拌 10min, (b) 20min; (c) 老化 30min, (d) 1h, (e) 3h 和 (f) 12h

Figure 3-11　SEM images of the as—synthesized product sampled for different reaction periods (a) stirred for 10min, (b) 20min; (c) aged 30min, (d) 1h, (e) 3h and (f) 12h

TEM 照片如图 3-12 所示，老化 1h[图 3-12(a)] 与 2h [图 3-12(b)] 的样品为连接在一起的空心结构；经过 3h[图 3-12(c)] 和 4h[图 3-12(d)] 老化，空心球各自分开并且能观察到球壳具有多面体特征；经过 12h [图 3-12(e)] 老化，多面体空心球已经基本形成，图中多面体的衬度说明介孔结构已经基本形成。

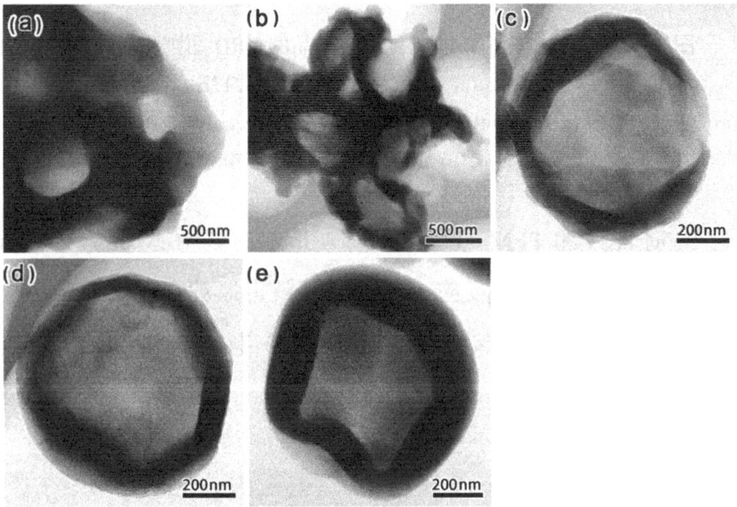

图3-12　形成过程中老化不同反应时间样品的 TEM 照片

(a) 1h, (b) 2h, (c) 3h, (d) 4h ; (e) 12h

Figure 3-12　TEM pattern of the as—synthesized product aged for different reaction periods

(a) 1h, (b) 2h, (c) 3h, (d) 4h and (e) 12h

XRD、SEM 和 TEM 的结果说明，在反应过程中，最初形成了具有层状结构的囊泡，然后在保持囊泡的空心形貌基础上进行了球壳由层状结构向双连续立方金刚石结构的相转变。Brij-56 是一种非离子表面活性剂，随着温度增高，Brij-56 亲

水端 $(EO)_{10}$ 与水的氢键逐渐被破坏，因此亲水性逐渐降低，其浊点为 64～69℃[30]。因此，在温度较高的时候，Brij-56 可以与 C_{18}GluA 的疏水端相容，进入胶束亲水和疏水的“栅栏”部分，从而增加胶束疏水部分的体积，降低有机/无机界面曲率。根据 Israelachvili 等人提出的表面活性剂的堆积参数 $g = V/(a_0 l)$ (V 是表面活性剂的链及链间的助溶剂所占的总体积，a_0 是表面活性剂极性头的有效面积，l 是表面活性剂的动力学链长)[31]，当增加疏水部分的体积，会形成高 g 值的结构；此外，非离子表面活性剂可以作为分散剂控制晶核的生成[32]。因此，在 Brij-56 的这种双重作用下形成了具有层状结构的囊泡结构。

介孔晶体的形成过程往往包含了结构的转变。在此体系中，层状结构随反应的进行转变为曲率更高的双连续金刚石 $Pn\Sigma 3m$ 结构。这里，无机硅源的缩聚可能是诱导这种相变的因素，随着缩聚的进行，墙壁所带的负电减少，墙壁与表面活性剂的作用力增强，从而导致表面活性剂的排列倾向于形成有机/无机界面曲率更高的结构。图3-13是相变过程示意图，层状结构之间发生连接，生成两套独立孔道，层状的垂直方向逐渐变为立方结构的$[111]_D$方向[33]，因此在进行结构转变时，内表面均为{111}面且指向空心球的球心。需要注意的是，空心球外部在形变时一直保持球状外形以降低界面自由能。这里观察到的内部形貌与面心立方晶体所形成的多重孪晶或单晶的外部形貌所一致，因此双连续金刚石结构的表面能很有可能与面心立方的表面能关系类似。

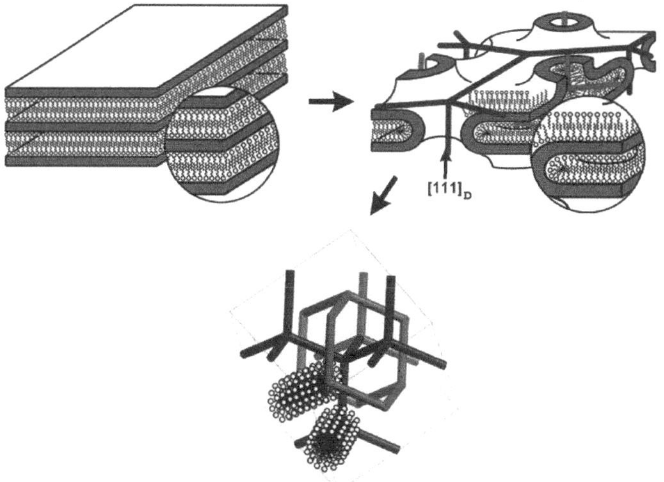

图 3-13 介孔结构相变示意图

Figure 3-13 Schematic drawings of the structural transition

3.4 结论

本章中，通过使用谷氨酸衍生阴离子表面活性剂，添加非离子表面活性剂Brij–56，采用共结构导向剂的合成方法，合成了一种具有多面体内部形貌的介孔空心球晶体。

通过XRD、CP、SEM和HRTEM的研究，发现这种多面体空心球具有二十面体、十面体、Wulff多面体等形貌的内部结构，且球壳由高度有序的双连续金刚石介孔结构(空间群 $Pn\Sigma 3m$)组成，通过对球壳结构细致的观察，发现多面体结构是由于形成了“反向”多重孪晶而形成的，这是第一次发现晶体能够以多重孪晶结构来形成空心晶体。

通过反应过程的时间实验，发现在反应体系中，最初形成了多层囊泡的结构，之后发生了介观相相变而形成了高度有序的双连续金刚石结构。

到目前为止，这是第一次通过一步法由两亲性分子自组装和后续的介观相相变形成了具有多面体内部形貌的介孔空心球晶体，并且第一次对多面体内部形貌的空心球晶体的生长及形成机理进行了详细的解析。

这种新型空心球晶体的合成过程引入了一种全新的晶体生长和合成策略，是对目前已知晶体结构和形貌的补充。其本身的特殊结构特征、透射电镜学表征方法和晶体合成策略都为未来的介孔晶体和其它各类晶体材料、功能材料和溶胶–凝胶化学合成都提供了新的指导。另一方面，这种具有高度有序介孔孔道和规则多面体内部形貌的新型的空心球晶体在催化、吸附、分离、纳米器件等方面会有众多的潜在应用。

3.5 参考文献

[1] Kim K M, Kim S K, Ryoo R. Chem. Commun., 1998: 259.

[2] Guan S, Inagaki S, Ohsuna T, Terasaki O. J. Am. Chem. Soc., 2000, 122: 5660.

[3] Terasaki O, Ohsuna T, Liu Z, Sakamoto Y, Garcia–Bennett A. E. Stud. Surf. Sci. Catal., 2004, 148: 261.

[4] Che S, Kamiya S, Terasaki O, Tatsumi T. J. Am. Chem. Soc., 2001, 123: 12089.

[5] Kamiya S, Tanaka H, Che S, Tatsumi T, Terasaki O. Solid State Sci., 2003, 5: 197.

[6] Che S, Li H, Lim S, Sakamoto Y, Terasaki O, Tatsumi T. Chem. Mater., 2005, 17: 4103.

[7] Che S, Lim S H, Kaneda M, Yoshitake H, Terasaki O, Tatsumi T. J. Am. Chem. Soc., 2002, 124: 13962.

[8] Yu C, Tian B, Fan J, Studky G D, Zhao D. J. Am. Chem. Soc., 2002, 124: 4556.

[9] Han L, Sakamoto Y, Terasaki O, Li Y, Che S. J. Mater. Chem., 2007, 17: 1216.

[10] Miyasaka K, Han L, Che S, Terasaki O. Angew. Chem. Int. Ed., 2006, 45: 6516.

[11] Chacht S, Huo Q, Voigt—Martin G, Stucky G D, Schüth F. Science, 1996, 273: 768.

[12] Sun Q, Kooyman P J, Grossmann J G, Bomans P H H, Frederik P M, Magusin P C M M, BeelenT P M, van Santen R A, Sommerdijk N A J M. Adv. Mater., 2003,15: 1097.

[13] Wang J, Xiao Q, Zhou H, Sun P, Yuan Z, Li B, Ding D, Shi A—C, Chen T. Adv. Mater., 2006, 18: 3284.

[14] Jin H, Qiu H, Sakamoto Y, Shu P, Terasaki O, Che S. Chem. Eur., J., 2008, 14: 6413.

[15] Che S, Garcia—Bennett A E, Yokoi T, Sakamoto K, Kunieda H, Terasaki O, Tatsumi T. Nat. Mater., 2003, 2: 801.

[16] Garcia—Bennett A E, Kupferschmidt N, Sakamoto Y, Che S, Terasaki O. Angew. Chem. Int. Ed., 2005, 44: 5317.

[17] Garcia—Bennett A E, Miyasaka K, Terasaki O, Che S. Chem. Mater., 2004, 16: 3597.

[18] Garcia—Bennett A E, Terasaki O, Che S, Tatsumi T. Chem. Mater., 2004, 16: 813.

[19] Che S, Liu Z, Ohsuna T, Sakamoto K, Terasaki O, Tatsumi T. Nature, 2004, 429: 281.

[20] Gao C, Sakamoto Y, Sakamoto K, Terasaki O, Che S. Angew. Chem. Int. Ed., 2006, 45: 4295.

[21] Gao C, Qiu H, Zeng W, Sakamoto Y, Terasaki O, Sakamoto K, Chen Q, Che S. Chem. Mater., 2006, 18: 3904.

[22] Gao C, Sakamoto Y, Terasaki O, Sakamoto K, Che S. J. Mater. Chem., 2007, 17: 3591.

[23] Gao C, Sakamoto Y, Terasaki O, Che S. Chem. Eur. J., 2008, 14: 11423.

[24] International Tables for Crystallography, Volume A. 4.7. Geometrical structure factors and electron density formulae for the three—dimensional space groups.

[25] Miyasaka K, Terasaki O. Angew. Chem. Int. Ed., Accepted.

[26] Helfrich W Z. Naturforsch. A., 1973, C28: 693.

[27] Ino S. J. Phys. Soc. Jpn., 1966, 21: 346.

[28] Lim B, Jiang M, Tao J, Camargo P H C, Zhu Y, Xia Y. Adv. Funct. Mater., 2009, 19: 189.

[29] Mader S. J. Vac. Sci. Technol., 1966, 8: 247.

[30] Quina F H, Hinze W L. Ind. Eng. Chem. Res., 1999, 38: 4150.

[31] Israelachvili J N, Mitchell D J, Ninham B W. J. Chem. Soc. Faraday Trans., 2 1976, 72: 1525.

[32] Garcia—Bennett A E, Lund K, Terasaki O, Angew. Chem. Int. Ed., 2006, 45: 2434.

[33] Squires A, Templer R H, Seddon J M, Woenckhaus J, Winter R, Finet S, Theyencheri N. Langmuir, 2002, 18: 7384.

第4章　DNA-二氧化硅共组装介观晶体

4.1　引言

脱氧核糖核酸 (deoxyribonucleic acid，DNA) 是生命进行繁衍和遗传的关键分子，是生命科学史上最大的发现之一。DNA 是由两条呈反平行的多核苷酸链环绕一个共同的轴旋绕成的双螺旋结构，而且一条链的 3'-OH 端与另一条链的 5'-磷酸端相连。由脱氧核糖和磷酸基组成的主链处于螺旋的外侧，嘌呤和嘧啶碱基处于螺旋的内侧，碱基互补配对是 DNA 双螺旋结构的主要特征。碱基对平面与 DNA 的螺旋轴几乎垂直，螺旋轴穿过碱基平面，相邻碱基对沿轴旋转 36° 并上升 0.34nm (B 型 DNA)。所以，每 10 个碱基对旋转一周成一个螺旋周期，螺距 3.4nm，螺旋直径 2nm。由于碱基对与糖环的不对称连接，导致双螺旋表面形成两个凹下去的沟，宽的称为大沟，窄的称为小沟。B 型 DNA 小沟的取向角宽度为 144°。大沟通常是蛋白质分子阅读 DNA 碱基顺序的位置，小沟信息较少，但 B 型 DNA 的小沟中存在水合结构，被认为是使 DNA 稳定的主要因素之一。在一般情况下，在 50nm 的长度以下的 DNA 分子可以被视为刚性分子，称为刚性长度(persistent length)[1]。DNA 的有效水合直径会根据溶液的离子强度变化[2]。

在细胞核、病毒、精子头部，长达数米的 DNA 分子可以被压缩包装进极小的体积。目前已有多种 DNA 液晶相的报道，如层状/胆甾形、二维六方、二维菱形、三维正交等[3]。由于 DNA 的压缩结构及机理在基因遗传方面有着重要的意义，因此引起了广泛关注。在体外溶液中，DNA 可以通过多种方法进行缩合：① 在单价阳离子存在下浓缩 DNA 溶液[4-6]；② 在单价阳离子存在下，在 DNA 稀溶液中加入中性聚合物[7-9]；③ 用乙醇沉淀DNA[10,11]；④加入多价阳离子(六氨合钴离子、多胺)[12]；⑤加入多肽或碱性蛋白质[13,14]；⑥与表面活性剂相互作用[15]。

但是，对于 DNA 与无机物种共组装形成有序材料的报道非常少。这是因为 DNA 的双螺旋构象需要溶液 pH = 4.3～11.9，而在此时二氧化硅物种在溶液中带负电，无法与 DNA 多阴离子直接相互作用。在本章中，通过共结构导向剂 (CSDA) 的引入，使得 DNA 与无机物种之间增加了关键性的桥联作用，CSDA 带正电的有机基团与 DNA 骨架上负电的磷酸基团相互作用，尾部的硅烷部分与无机源进行共缩聚，同时，DNA 的基团螺旋排布也可能被印迹下来。

在本章中，使用短链 DNA 作为模板、*N*−三甲氧基丙基硅烷−*N*, *N*, *N*−三甲基氯化铵 (TMAPS) 作为共结构导向剂，通过 DNA 与无机物种的共组装，得到了一种 DNA−二氧化硅复合片状晶体。HRTEM 研究发现这种晶体具有罕见的二维正方 *p4mm* 对称性。本章对这种晶体结构及其形成机理进行了细致的研究。这是首次通过实验发现 DNA 具有二维四方排列，对于研究 DNA 液晶相和 DNA 生物矿化都具有重要的意义。

4.2 实验部分

4.2.1 试剂

正硅酸乙酯 (TEOS) 购于中国药品试剂集团上海分公司，*N*−三甲氧基丙基硅烷−*N*, *N*, *N*−三甲基氯化铵 (TMAPS，50%甲醇溶液) 购于 Gelest 公司，DNA (Type XIV，Sigma D6898，鲱鱼精 DNA 钠盐)购于 Sigma−Aldrich 公司。所有试剂未经再加工处理。

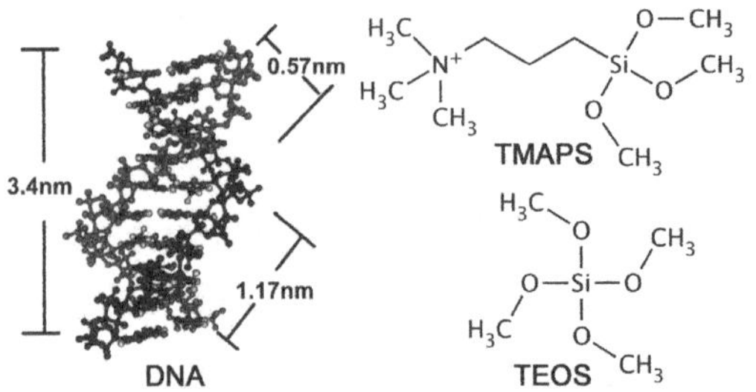

4.2.2　DNA-二氧化硅复合晶体的合成

将一定量的DNA溶于去离子水中(质量分数为0.1%)。使用超声波细胞破碎仪在功率400W、冰浴下对溶液超声处理5h(净超声时间2.5h)。将DNA溶液调节到特定浓度，在设定温度下搅拌并加入TMAPS与TEOS，搅拌15min后，在一定温度下静置反应2～4天，得到白色粉末固体产物经离心洗涤后真空干燥。

4.2.3　DNA-二氧化硅复合晶体的表征

介孔硅粉末的X射线衍射(XRD)使用Rigaku RINT 2000/PC测定，采用Cu Kα辐射($\lambda=0.15406$ nm)，操作功率为0.8kW(40kV，20mA)，扫描速率为1.0(°)/min，扫描范围为1°～6° (2θ)。

小角X射线散射(SAXS)使用Bruker Nanostar U小角X射线散射系统，用Cu Kα辐射($\lambda=1.5406$nm)，操作功率为1.4kW(40kV，35mA)。

样品的高分辨透射电子显微图像(HRTEM)使用JEOL JEM-2100拍摄，电子束加速电压200kV，球差系数C_s=1.4mm，点分辨率2.3Å。HRTEM图像由CCD (Keenview,1376像素×1096像素，像素尺寸6.4μm×6.4μm)获取。拍摄条件是50k～80k放大倍率，低剂量电子束照射。

样品的形貌特征使用扫描电子显微镜(SEM) JEOL JSM-7401F拍摄，电子束加速电压1kV，分辨率约1.4nm。为了获得样品表面真实形貌，没有对样品进行镀金处理。

4.3　结果与讨论

4.3.1　DNA-二氧化硅复合晶体的结构表征

为了取得短链DNA，使其接近刚性长度，采用了超声波细胞破碎仪在功率400W、冰浴条件下对DNA溶液进行净超声处理，时间为2.5h。琼脂糖凝胶电泳实验确定其长度为100～500bp (图4–1)。

使用超声处理后的DNA作为模板剂，TMAPS作为共结构导向剂，反应物物质的量之比为DNA∶TMAPS∶TEOS∶H_2O = x∶6∶15∶18333，x=0.05～1.00mg/mL，可以合成具有不同介观结构的DNA–二氧化硅复合晶体。

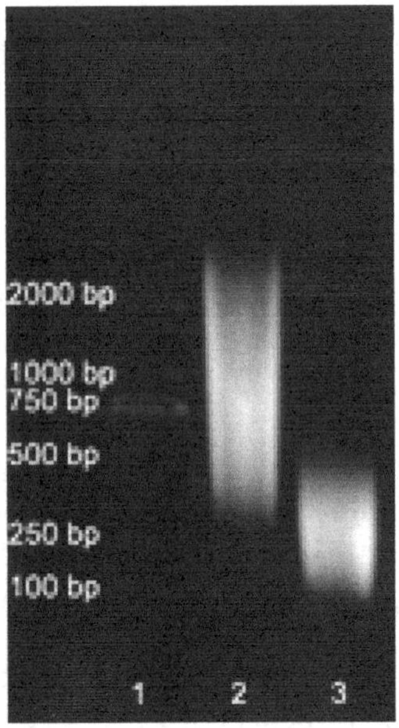

图4–1　1%琼脂糖凝胶电泳结果。泳道1，DL2000标尺，泳道2，Sigma鲱鱼精Type XIV DNA，泳道3，2.5h超声处理后的Sigma鲱鱼精Type XIV DNA

Figure 4–1　1% agarose gel electrophoretic separation of sonicated DNA. Lane 1, DL2000 Ladder; Lane 2, Type XIV DNA sodium salt from Herring testes from Sigma; Lane 3, Type XIV DNA after 2.5 hours sonication

图4–2为不同DNA初始浓度下得到的DNA–二氧化硅复合晶体的SAXS图谱。图4–2(a)是在浓度为1.0mg/mL的DNA溶液中合成的晶体，其SAXS图谱在q= 0.2～0.4 Å^{-1}内有两个衍射峰，晶面间距比值约为1∶$\sqrt{2}$。由于DNA的半刚性结构，在一定程度上可以看作圆柱状分子，因此比较容易进行二维紧密堆积而形成二维六方的结构，其平面群为$p6mm$，而二维六方结构的特征衍射峰比例为1∶$\sqrt{3}$∶2。考虑到二维正方格子，其正方形的对角线长度正好为边长的$\sqrt{2}$倍，由此推断这个结构很可能是一个二维正方格子 (可能的平面群为$p4$, $p4mm$和$p4gm$)。但是仅凭

SAXS 出现的两个衍射峰并不能确定其结构，需要通过 HRTEM 的研究来进行确认。在 0.1mg/mL 溶液中合成的晶体，其 SAXS 图谱只显示出一个衍射峰，对应的晶面间距约为 26 Å[图 4-2(c)]。而在 0.5mg/mL 溶液中合成的晶体，表现出三个峰[图 4-2b]，q_0峰(图中箭头所示) 的位置接近于 0.1mg/mL 溶液中合成的晶体中第一个峰的位置(26Å)，而剩下的两个峰与 1.0mg/mL 溶液中合成的晶体的两个衍射峰吻合。

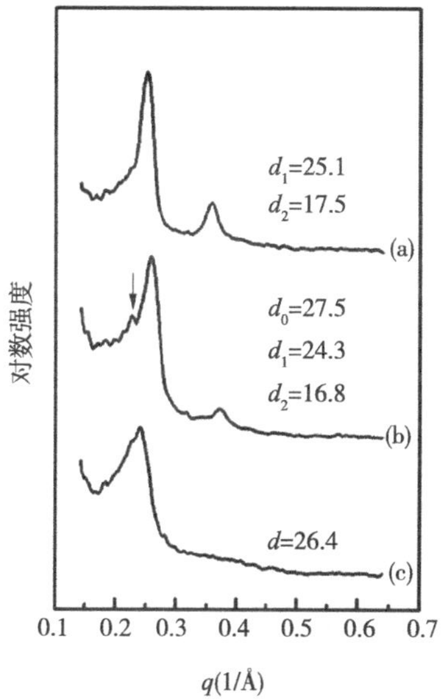

图 4-2 初始 DNA 溶液浓度分别为(a) 1.0 mg/mL、(b) 0.5 mg/mL、(c) 0.1mg/mL 的 DNA—二氧化硅复合晶体的 SAXS 图谱

Figure 4-2 SAXS patterns of the DNA—silica complex synthesized with DNA concentrations of (a) 1.0, (b) 0.5 and (c) 0.1 mg/mL, respectively

在 1.0mg/mL DNA 溶液中合成的晶体在 SEM 观测下显示出大小均匀的片状外形，而边缘呈一定六方状，其直径在 800nm 左右，厚度约 100nm [图 4-3(a)]。根据 SEM 照片，所得晶体厚度和凝胶电泳的结果(DNA 为 100～500bp，30～150nm) 基本一致，因此这种结构很可能是短链 DNA 刚性分子进行二维密堆积构成。经过 HRTEM 的检验，垂直于晶体片的方向具有 4*mm* 对称性[图 4-3(b)]，而在侧面具有 2 次轴的对称性，若将晶体沿 10(-10)衍射方向倾转，始终看

不到其它衍射点出现，说明其为由一维DNA柱状分子堆积而成的二维结构。因此，此样品为非常罕见的二维正方结构，平面群为*p4mm*。因此SAXS中观察到的两个峰可以指标化为二维正方晶格的(10)和(11)衍射峰，其晶胞参数 *a*=25Å。同时通过FD得到的晶胞参数为23Å，略小于SAXS的结果，这可能是由于TEM的误差引起的。

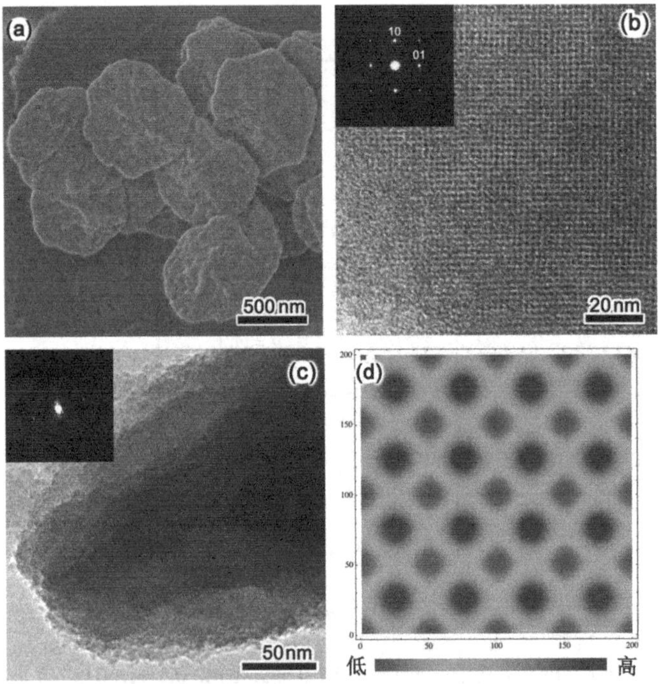

图4-3　初始DNA溶液浓度为1.0mg/mL合成的DNA—二氧化硅复合晶体的(a) SEM照片，(b)顶面和(c)侧面的HRTEM照片及其FD，(d)经反相傅里叶变换所得的电势密度分布图

Figure 4-3　(a) SEM image, (b) top and (c) side view of the platelets and (d) electron density map of the DNA—silica complex synthesized with initial DNA concentrations of 1.0 mg/mL

从HRTEM图像可以得到各个衍射的振幅和相位信息，从而得到其结构因子表，见表4-1。由于这种DNA-二氧化硅复合晶体的结晶度并不像传统晶体那么好，因此只出现了有限的衍射峰。

表4–1　通过HRTEM照片获得的具有二维正方结构晶体的结构因子表(包含振幅和相位)，其晶胞参数 a =25Å

Table 4—1　Crystal structure factors (amplitudes and phases) extracted from HRTEM images of the crystal with 2D square lattice (a = 25 Å)

h	k	s^*s	d/Å	Amplitude	Phase
1	0	1	23	100	0
1	1	2	16.3	14.5	π
2	0	4	11.5	3.7	0

电势密度计算公式可以在国际晶体学表中查得[16]

$$\rho(XY)=\frac{1}{A_c}\left[F(00)+2\left\{\sum_{1}^{\infty}hF(h0)\cos 2\pi hX+\sum_{1}^{\infty}kF(0k)\cos 2\pi kY\right\}+4\sum_{1}^{\infty}h\sum_{1}^{\infty}kF(hk)\cos 2\pi hX\cos 2\pi kY\right]$$

图4–3(d) 为经过反向傅里叶变换得到的电势密度图，可以看到，高电势密度的二氧化硅与低电势密度的DNA分子呈交错排列，且DNA–DNA之间的二氧化硅墙壁非常薄。考虑到其极小的晶面间距仅为 d_{10} = 25 Å，已经接近了DNA的水合半径，因此这种晶体并不是以DNA为模板，在模板分子上沉积一层二氧化硅进而缩聚成的组装结构，而是一种DNA分子与无机物种共同作用而形成的共组装结构。

而在0.1mg/mL DNA溶液中合成的晶体尺寸较小，其直径约为500nm，厚度为50～100nm [图4–4(a)]，比在1.0mg/mL下形成的晶体厚度(100nm左右)略小，但也能够与凝胶电泳的结果(DNA长度为30～150nm)相对应。经过HRTEM观察，在垂直于晶体片的方向显示出二维六方的对称性[图4–3(b)]，而在晶体侧面观察，无论如何倾转，始终看不到其它衍射点的出现，说明其也为由一维DNA柱状分子堆积而成的二维六方结构，平面群为 *p6mm*，SAXS中观察到的衍射峰可以指标化为二维六方晶格的(10)峰，其晶面间距 d_{10} = 26 Å，晶胞参数 a = 30 Å。同时通过FD得到的晶胞参数为29 Å，略小于SAXS的结果，这同样可能是由于TEM的误差引起的。

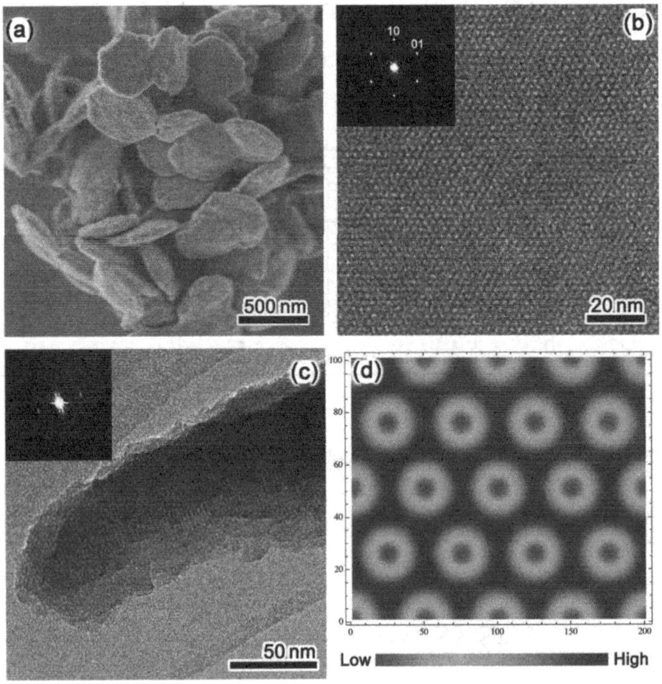

图 4-4　初始 DNA 溶液浓度为 0.1mg/mL 合成的 DNA—二氧化硅复合晶体的
(a) SEM 照片，(b) 顶面和 (c) 侧面的 HRTEM 照片及其 FD，
(d) 经反相傅里叶变换所得的电势密度分布图

Figure 4-4　(a) SEM image, (b) HRTEM of top and (c) side view of the platelets and (d) electron density map of the DNA—silica complex synthesized with initial DNA concentrations of 0.1 mg/mL

同样，对在 0.1 mg/mL 下合成的晶体也进行了电子晶体学分析。从 HRTEM 图像可以得到各个衍射的振幅和相位信息，从而得到其结构因子表，见表 4-2。

表 4-2　通过 HRTEM 照片获得的具有二维正方结构晶体的结构因子表
(包含振幅和相位)，其晶胞参数 a = 30 Å

Table 4-2　Crystal structure factors (amplitudes and phases) extracted from HRTEM images of the crystal with 2D square lattice (a= 30 Å)

h	k	$s*s$	d/Å	Amplitude	Phase
1	0	1	25	100	0
1	1	2	14.4	2.6	0

续表

h	k	$s*s$	d/Å	Amplitude	Phase
2	0	4	12.5	1.3	0

p6mm 结构的电势密度计算公式为

$$\rho(XY)=\frac{1}{A_c}\left[F(00)+2\left\{\sum_{1}^{\infty}hF(h0)\cos 2\pi hX+\sum_{1}^{\infty}kF(0k)\cos 2\pi kY\right\}+\right.$$

$$\left.2\left\{\sum_{1}^{\infty}h\sum_{1}^{\infty}kF(hk)\cos 2\pi(hX+kY)+\sum_{1}^{\infty}h\sum_{1}^{\infty}kF(\bar{h}k)\cos 2\pi(hX-kY)\right\}\right]$$

从计算所得的电势密度图[图 4–4(d)]中可以看到,高电势密度的二氧化硅包裹着低电势密度的 DNA,每根 DNA 都均匀地被二氧化硅墙壁包围进行二维六方紧密堆积。这种结构非常接近于介孔晶体以柱状表面活性剂为模板组装生成的二维六方结构。

需要注意的是,这种复合晶体是通过经过细胞破碎仪处理过后的DNA共组装产生的,DNA分子长度分布较宽,为100 ~ 500bp(30 ~ 150nm),因此在进行组装时会产生很多位错和缺陷结构,使结构有序性下降,如图4–5所示。

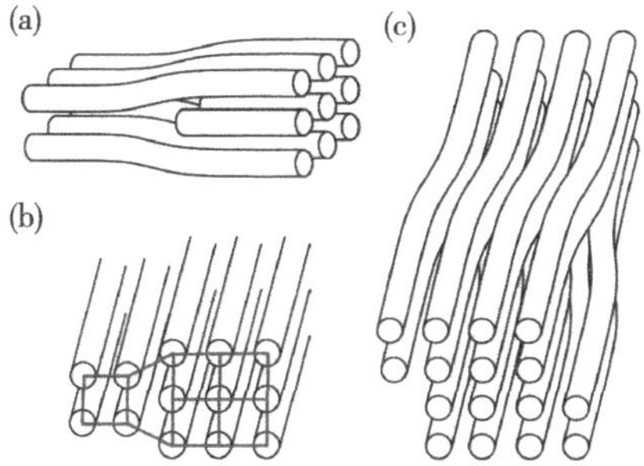

图4–5　DNA长度宽分布造成的可能位错和缺陷结构示意图

Figure 4–5　Schematic drawing of the possible defects and dislocations

在中间浓度(0.5mg/mL)下合成的样品为二维正方和二维六方结构的混合物。其SEM照片和HRTEM照片如图4–6所示。根据FD计算得出,其中二维正方结构部分的晶胞参数 a=23Å,而二维六方部分的晶胞参数 a=28Å,分别与纯的二维立方和二维六方结构相对应。

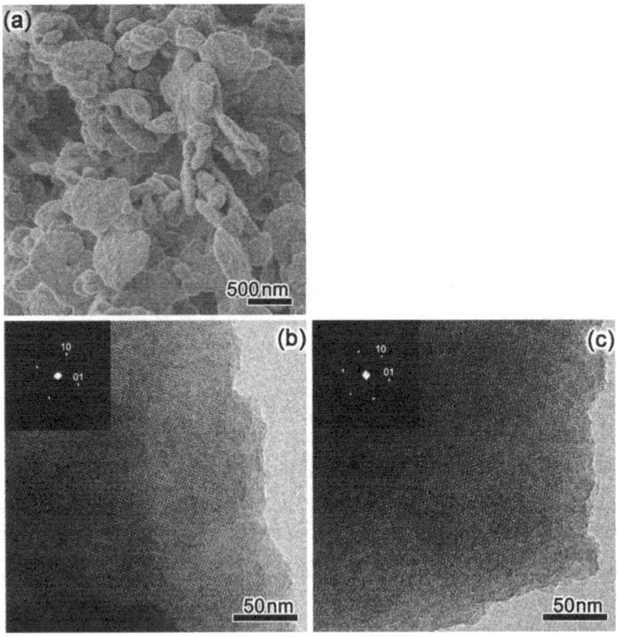

图 4-6 初始 DNA 溶液浓度为 0.5mg/mL 合成的 DNA-二氧化硅复合晶体的 (a) SEM 照片，(b) 具有二维正方和 (c) 具有二维六方结构的晶体颗粒的 HRTEM 照片及其 FD

Figure 4-6 (a) SEM image and the HRTEM images of the DNA-silica complex synthesized with (b) 2D square and (c) 2D hexagonal lattice formed by the initial DNA concentrations of 0.5mg/mL

4.3.2 DNA-二氧化硅复合晶体的结构研究

根据上述结果，随着 DNA 浓度的增高，DNA-二氧化硅复合晶体从二维六方相生成了罕见的二维正方相。虽然晶体的外形决定于其结构，且外形会对应于其点群对称性，但是在所合成出的 DNA-二氧化硅复合晶体中，外形为六方，具有 *6mm* 的对称性，而晶体结构却为正方，具有 *4mm* 的对称性。因此本书对这种特殊的二维正方晶体进行了更深入的观测和研究。

HRTEM 观察发现，整个晶体的选区电子衍射常常会出现类似于准晶的 12 重对称衍射，而晶体内部也具有三种不同方向的晶区排列方式，如图 4-7 中，三种排列的晶区分别用数字 1、2、3 标出，三个晶区之间互成 60°，分别形成各自的衍射花样，从而在 FD 中显示出 12 个衍射点。

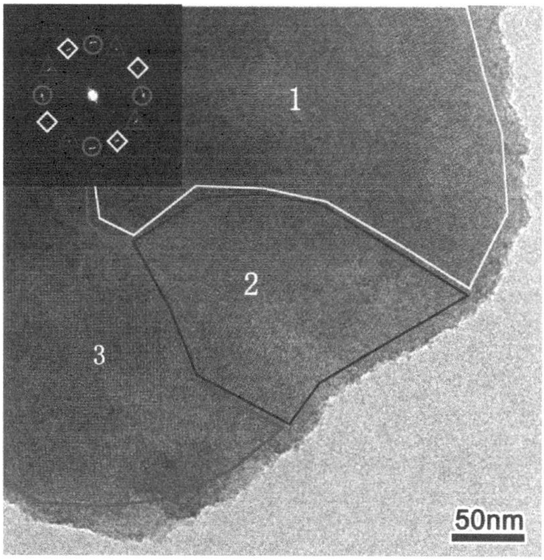

图 4-7　具有二维正方晶格的 DNA—二氧化硅复合晶体的 HRTEM 照片，显示出具有不同排列方向的晶区

Figure 4-7　HRTEM image of the DNA—silica complex with 2D square lattice, clearly showing the domain structure

为了确定各晶区的分布情况，在相同的测试条件下，将一个片状晶体的各部分通过高放大倍率分别进行照相，然后叠加拼接成一张完整的图片，如图 4-8(a)所示。可以看到，颗粒外形接近于六方，而在“棱”的地方由于厚度增加，受质厚衬度的影响，显示出比其它部分更深的颜色，这均与 SEM 的结果一致。

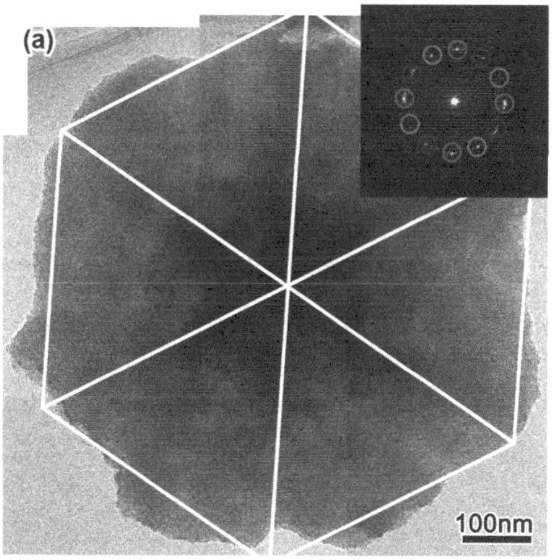

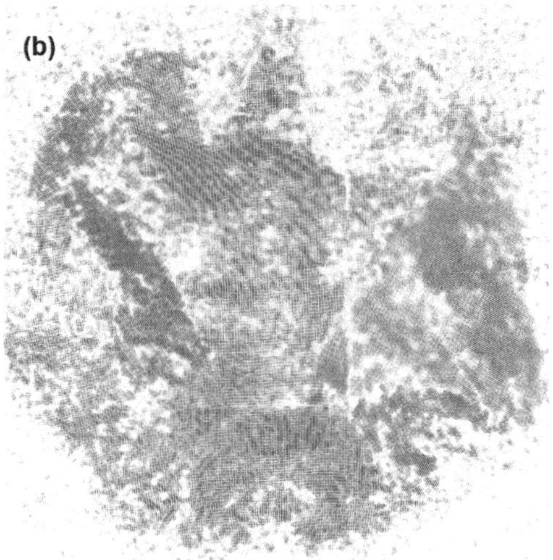

图 4-8 具有二维正方晶格的 DNA—二氧化硅复合晶体经过拼接的 (a) HRTEM 照片和 (b) 傅里叶滤过反向变换 TEM 图像

Figure 4-8 (a) HRTEM image and (b) Fourier-filtered TEM image of the DNA-silica complex with 2D square lattice

若在FD中单独选择一种晶区的衍射点，通过选点傅里叶过滤并进行反向傅里叶变换，就可以得到产生该衍射点的相应晶区。因此，对三种有着不同方向的晶区分别进行如上操作，并分别用数字1、2、3标出，将3种晶区进行叠加后，可以很清晰地得到在整个晶体当中各个晶区的分布情况（图4-8）。可以看到，整个颗粒由几个大晶区组成，每种晶区均是随机分布，没有规则的外形和界限。但有趣的是，整个晶体不论在什么位置的晶区，都只有这三种方向的排列。通过对若干晶体进行类似的分析，得到的结论为，晶区的位置和形状随机分布，但各个晶区之间都有着互成60°的关系。

晶体中心部分的HRTEM放大照片如图4-9所示。同样，不同的晶区用不同的颜色标出。有趣的是，晶体颗粒的六条“棱”分别对应着三种晶区的排列方式。并且在晶区的连接部分，有一些具有二维六方结构的小区域，如图中用白色标记处。

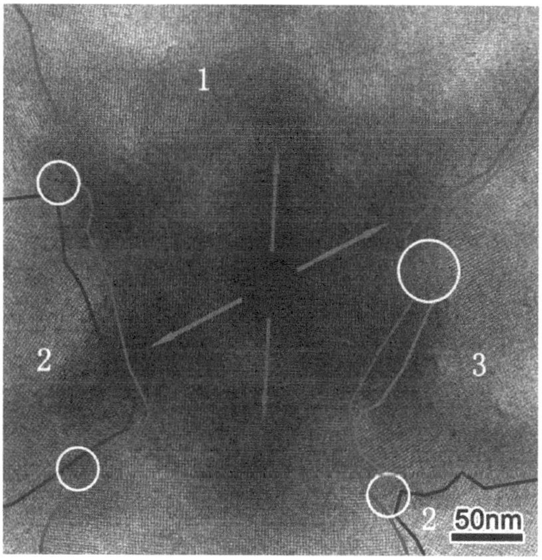

图 4-9 晶体中央部分的 HRTEM 照片

Figure 4-9 Magnified HRTEM image taken from the central part of the crystal

综上，考虑到晶体的六方外形，其内部的二维正方晶区具有互成 60° 的排列关系，加上在四方晶区之间连接处出现的二维六方结构，因此推断，这种二维正方结构的晶体很有可能是从二维六方结构通过相转变而形成的。在反应初期，由于二维六方结构形成了六方片状的晶体外形，而随后向二维正方晶格的相变发生在局部，并没有破坏晶体的外形。

为了通过实验证实晶体的形成过程，并发现其结构与形貌之间的联系，在合成过程按不同的时间取样，投入液氮中，经过冷冻干燥后通过 SEM 和 TEM 来对样品的形貌和结构进行研究。

SEM 结果表明 (图 4-10)，反应开始 2h 后就能够观察到片状产物的出现，证明在反应初期 DNA 和硅源就已经发生了共组装，形成了一定的外形，但在反应早期，硅物种缩聚程度还非常低，组装体还很柔软，因此在干燥过程中很容易变形。在反应 4h 之后，能够观察到具有六方外形的片状晶体，但在此时，二氧化硅的缩聚也仍处于很不完全的状态。随着硅源的不断缩聚，片状晶体逐渐趋于稳定。在 12h 后已经可以观察到具有均匀六方外形的片状晶体。

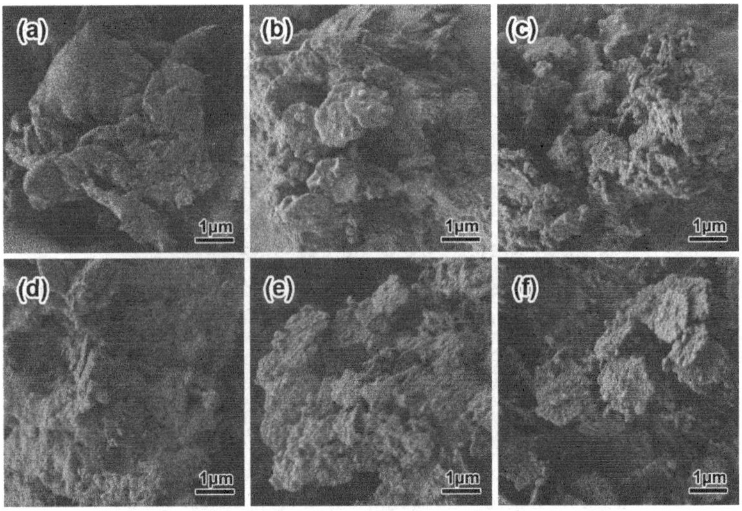

图4-10 不同反应时间的产物冻干后的 SEM 照片：(a) 2h, (b) 4h, (c) 8h, (d) 12h, (e) 24h 和 (f) 终产物

Figure 4-10 SEM images of the product freeze dried at different reaction period:(a) 2 h, (b) 4h, (c) 8h, (d) 12h, (e) 24h and (f) final product

通过 TEM 研究发现，在反应时间为 4h 的产物具有二维六方结构。图 4-11 显示了在晶体顶面拍摄的 HRTEM 照片，可以清晰地观察到 FD 中的六方衍射点，而这时在 SEM 中已经观察到六方外形的形成 [图 4-10(b)]。

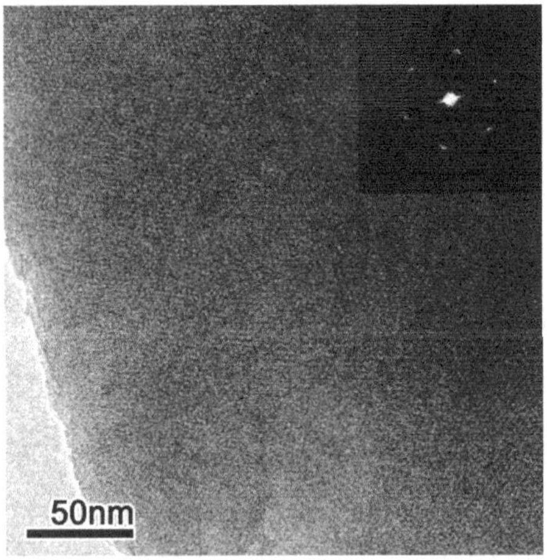

图4-11 反应时间 4 h 产物冻干后的 TEM 照片及其 FD

Figure 4-11 TEM images and corresponding FD of the product prepared at 4h

随着反应的进行，可以观察到由二维六方向二维正方的相变。反应时间为 8h 的样品在选区电子衍射下出现了 12 个衍射点，其 HRTEM 照片和 FD 显示在图 4-12(a_1) 中。在 FD 上分别用标注出了三种不同方向的晶区产生的衍射，而它们重

叠的部分用白色标注。其傅里叶滤过反向变换 TEM 图像在图 4-12(a_2) 中，三种晶区也分别成像。可以看出，图像中出现了若干小的二维正方晶区，这些晶区随机排列，彼此呈 60°，且具有很多公共部分，共享了很多二维六方的小晶区。当反应进行到 12h 时，结晶性变好且二维正方晶区显著增大 [图 4-12(b_2)]。当反应进行到 24h，反应已经基本完全，在晶体中只留下几个大的晶区，如图 4-12(c_2) 所示。

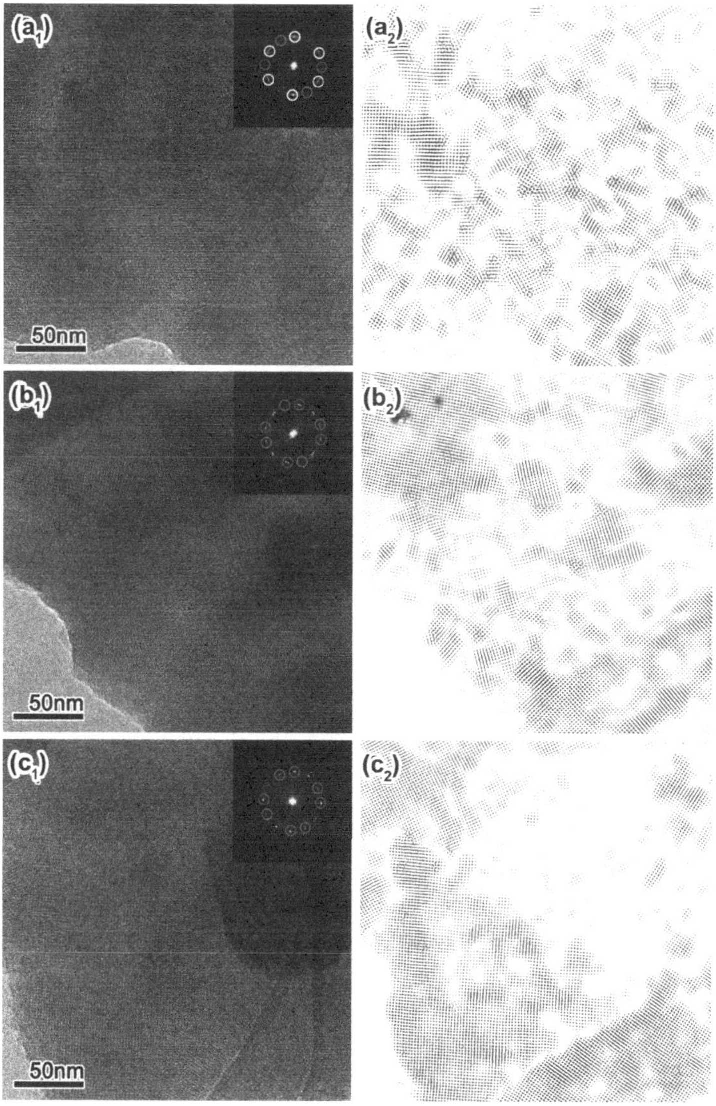

图 4-12 不同反应时间的产物冻干后的傅里叶滤过 TEM 照片

(a)8h,(b)12h 和(c)24h

Figure 4-12 Fourier—filtered TEM images of the product freeze dried at different reaction period: (a) 8h, (b) 12h and (c) 24h

时间过程的 SEM 和 TEM 研究证明了之前的假设，即二维正方结构是在二维六方结构的基础上通过相转变形成的，且在形成二维六方结构的时候晶体的六方外形就已经成型，在后续的相变过程中得到了保持。由于二维六方结构的任一{10} 晶面都可以发生相变转化为二维正方结构的 {10} 面，因此，在向二维正方发生转变时只有三种可能的排列方式，也就是最终只能形成具有三种排列方向的晶区。转变开始是在局部进行，因此会有若干二维正方微晶区出现，但在随后的转变过程中，大的晶区对小的晶区有一定诱导作用，界面处 DNA 会发生重排，因此小晶区会并入大晶区中，最终产物中只包含几个大的晶区。二维六方与二维正方的取向关系如图 4-13 所示。

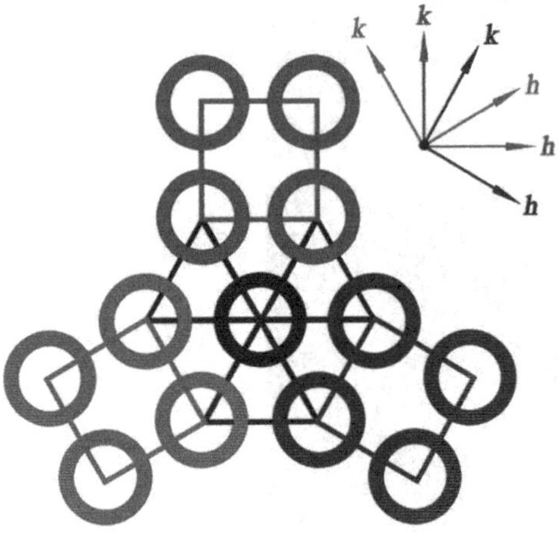

图 4-13　由二维六方向二维正方转变示意图

Figure 4-13　Schematic drawing of the transformation from 2D hexagonal to 2D square

4.3.3　二维正方结构的形成机理研究

在前面的讨论中，二维正方结构是从二维六方结构通过相变所形成的。但在通常情况下，棒状分子或胶束进行堆积生成二维结构时，都通过形成最小堆积体积的熵最大化进行二维六方堆积。到目前为止，只有在经过分子特殊设计的液晶相中才出现了二维正方晶格[17-19]。

而在本章的合成体系中所出现的二维正方结构，其形成过程需要从 DNA 自身的结构特殊性上来进行考虑。

DNA 是一个螺旋形分子，无论分子形状还是电荷分布都呈右手螺旋排列，当

DNA 分子之间的距离较大时，可以将其近似为均匀带电的棒状分子来堆积[20]，而当 DNA 分子间距离较小时，则无法忽略表面形状及电荷螺旋分布对分子间作用的影响[21]。根据 Kornyshev-Leikin 模型，当螺旋状分子进行紧密堆积时，相邻分子会采取取向错位，分子和分子之间可以形成类似于“拉链”的结构，以达到最大作用和最紧密堆积，如图 4-14 所示[22]。

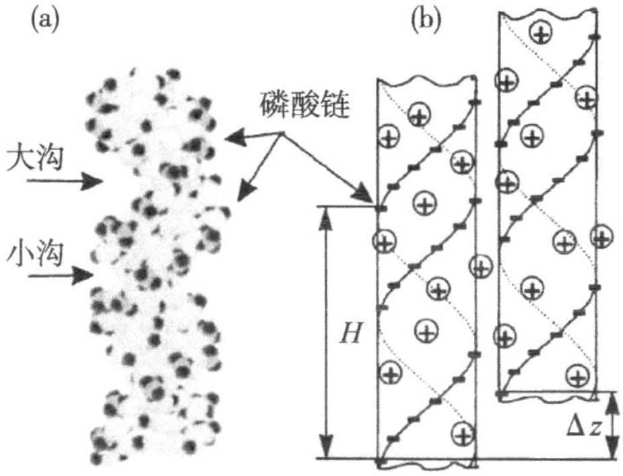

图 4-14 (a) B 型 DNA分子结构, (b) DNA 表面电荷分布, 磷酸基团的负电荷与吸附在大沟或小沟中的对阳离子的正电荷分别形成负电荷和正电荷的螺旋带, 当相邻分子距离很小时, 具有相反电荷的螺旋带相互作用,形成“拉链”结构[22]

Figure 4-14 (a) B-DNA structure based on crystallographic co-ordinates. (b) Schematic illustration of DNA surface charge pattern. Negatively charged helical lines of phosphates and positively charged counterions adsorbed in the grooves form stripes of positive and negative charges. The molecules may align so that closely opposing stripes have complementary charges along the length of DNA-DNA contact. This creates a “zipper” which pulls the molecules together via electrostatic attraction[22]

因此，DNA 的堆积行为取决于分子间的距离以及取向错位。根据模型，相邻 DNA 之间的距离小于 30Å 时，DNA-DNA 就会出现明显的取向错位。随着距离减小到 20Å (DNA 直径)，错位可以达到接近 90° (即在图 3-7 中，$\Delta z = 1/4\ H$)[22]。Harreis 等人计算了不同电荷分布下 (大/小沟正电荷分布为 70%～30% 和 30%～70%，负电荷被饱和率为 70%～90 %) 的相邻 DNA 取向错位，在 DNA 分子相距 R = 20～25Å 时，错位可达 50°～90°[23,24]。并且而通过 XRD 分析，证实了 DNA-DNA 分子间距离较小时的取向错位关系[25]。

由此推断，具有二维正方结构的 DNA-二氧化硅复合晶体的形成过程如下。首先，当 TMAPS 加入 DNA 溶液中，由于 TMAPS 带正电的头部与 DNA 带负电的磷酸相互吸引，而 TMAPS 的硅烷部分与无机硅源 TEOS 进行共缩聚，形成了一种 DNA-TMAPS-TEOS 复合体，这种复合结构就像是在 DNA 的外层包裹了一层松散的二氧化硅，随后这些柱状复合体进行自组装形成片状晶体，这时，缩聚程度很低，DNA 之间的距离较远，因此 DNA 本身的电荷螺旋排列并未体现，复合体作为电荷均匀的柱状单元而进行二维六方紧密堆积。随着硅物种缩聚的不断进行，DNA 之间的距离被不断拉近，此时 DNA 本身电荷的作用就不能再被忽视。当 DNA 分子间距足够近的时候，相邻 DNA 分子会自发发生取向排列形成“拉链”结构来降低相互之间的斥力，这样的取向错位有利于形成二维正方晶格结构(图 4-15)。而在二维正方晶区形成以后，会诱导与之邻接的 DNA 分子采取同样的取向，因此晶区会不断生长。

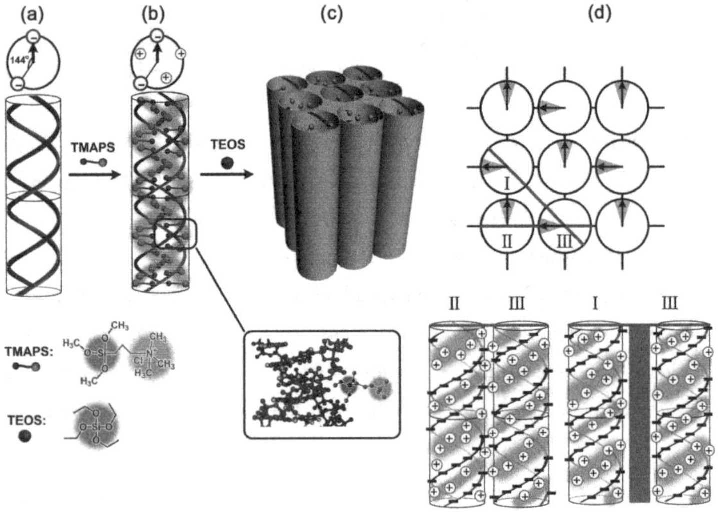

图 4-15　具有二维正方结构的 DNA-二氧化硅复合晶体的形成机理示意图。(a) B-DNA结构，与 DNA 横截面相交的两条 DNA 单链以圆圈表示。小沟的角宽度为144°, (b) DNA 与 TMAPS 的相互作用。TMAPS 形成阳离子螺旋带，骨架的磷酸基团形成阴离子螺旋带，(c) DNA 形成的二维正方结构，(d) 灰色区域 (72° ~ 108°) 表示形成理想“拉链”时可能出现的 DNA-DNA 取向错位，以黑色箭头标示的 90° 为例。I-II：两个 DNA 分子模型的表面电荷分布，负电条带与邻近分子带正电的沟接近形成静电作用“拉链”；I-III：对角线方向的 DNA 分子，取向错位为 0°

Figure 4-15　Schematic illustration of the mechanism of formation of a DSC with a 2D - square structure. (a) B - DNA structure. A plane perpendicular to the parallel axes of the DNA molecule, DNA strands are depicted as circles. The azimuthal width of the minor groove is 144°. (b) Interaction between DNA and TMAPS. The cationic quaternary ammonium groups of TMAPS emerge on the surface to form distinct cationic helical strands in both the minor and major grooves in a manner similar to the phosphate backbone as continuous line charges. (c) A square lattice in which a silica wall is framed by four other DNA columns. (d) The grey areas (72° ~ 108°) indicate the possible azimuthal orientations of DNA molecules required by an ideal "zipper". As an example, 90° is illustrated, indicated by the black arrows. Ⅰ - Ⅱ: The surface charge pattern of two model DNA molecules. The negatively charged strands come close to the positively charged grooves of the opposing molecule to form an electrostatic "zipper". Ⅰ - Ⅱ: Interaction between two DNAs in a diagonal position with an azimuthal orientation angle of 0°

相邻 DNA 取向错位的角度范围可以通过其几何关系进行估算：当形成理想“拉链”结构时，带负电的 DNA 骨架应该始终与相邻 DNA 的分子带正电的大沟或小沟相互作用。考虑两种极端情况：一是负电骨架正对相邻 DNA 分子的大沟中心 [图 4-16(a)]；二是负电骨架正对相邻 DNA 分子的小沟中心 [图 4-16(b)]。由于 B 型 DNA 的两条链的取向角之差 (小沟角宽度) 约为 144°，第一种情况下，相邻 DNA-DNA 的方向角错位为 180°～144°/2 = 108°；第二种情况下，为 144°/2 = 72°。因此，可以推测出产生二维正方排列的相邻 DNA 分子的取向错位应为 72°～108°。

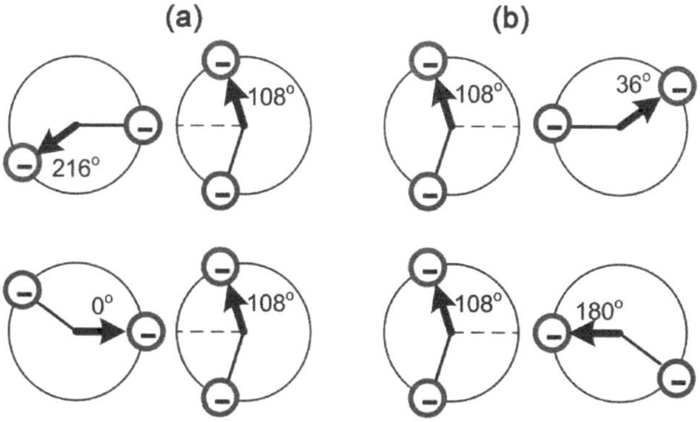

图 4-16　基于静电作用“拉链”模型计算相邻 DNA 的取向错位。(a) 一条 DNA 的磷酸基团正对相邻 DNA 的小沟中心，(b) 一条 DNA 的磷酸基团正对相邻 DNA 的大沟中心

Figure 4-16　Calculation of the mutual azimuthal orientation based on the electrostatic zipper model. (a) Phosphate groups of one molecule facing the centre of the minor groove of the opposing molecule. (b) Phosphate groups of one molecule facing the centre of the major groove of the opposing molecule

而在合成体系 DNA 浓度很低的情况下，DNA-TMAPS-TEOS 复合体的组装非常缓慢，因此导致复合体表面的二氧化硅缩聚程度更高，DNA 自身的电荷被二氧化硅层屏蔽，从而生成了均匀柱状结构紧密堆积的二维六方结构 (图 4-17)。

需要注意的是，二维正方与二维六方结构的晶面间距的不同，实际上一个晶胞所占面积为

$$A_{p4mm} = 25\ \text{Å} \times 25\ \text{Å} = 625\ \text{Å}^2$$

$$A_{p6mm} = 26\ \text{Å} \times 30\ \text{Å} = 780\ \text{Å}^2$$

显然形成二维四方所占的面积更小。因此相比二维六方结构，通过取向错位组装，二维正方结构能够将 DNA 排列进更小的体积内，可以推断，在自然界中，这种 DNA 的缩合排列结构也非常可能存在。

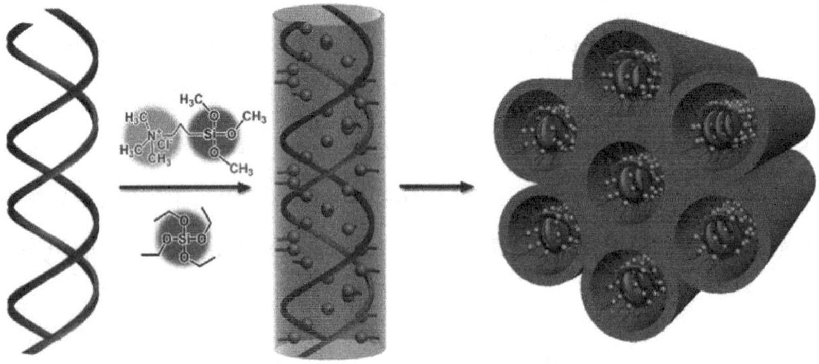

图 4-17 低浓度下二维六方结构的形成过程示意图。相对缩聚程度更高的二氧化硅层包围了 DNA 表面，使复合体成为表面均匀的棒状分子，生成二维六方紧密堆积结构

Figure 4-17 Schematic illustration of the formation of 2D - hexagonal lattice at low DNA oncentrations. The formation of silica layer surrounding the DNA surface would make DNA columns into uniform cylinders and result in their close packing

4.4 结论

本章对通过使用共结构导向法合成的 DNA-二氧化硅复合晶体进行了详细的结构表征和机理研究。随着合成体系 DNA 溶液初始浓度不同，合成出具有不同对称性的片状复合晶体。在 0.1mg/mL 的 DNA 浓度下，得到的晶体具有二维六方对称性，而在 1mg/mL 下能够得到罕见的具有二维正方对称性的晶体，在 0.1～1 mg/mL 之间的浓度得到的是两种结构的混合产物。

研究发现，具有二维正方结构的片状晶体呈现出六方的外形，且由若干个晶区融合而成，不同晶区取向角度之差互为 60°。通过在这种晶体形成过程按时间取样进行 SEM 和 TEM 过程分析，表明在早期无机硅源缩聚并不完全，DNA-

TMAPS–TEOS 复合体较“柔软”的情况下，先形成了二维六方紧密堆积结构和对应的六方片状外形。随着缩聚的进行，二维正方结构逐渐出现并扩大、融合，最终形成了具有几个大的晶区的纯二维正方结构和六方外形的片状晶体。

此外，二维正方堆积是由于 DNA 分子自己的螺旋构型而产生的。依据 Kornyshev–Leikin 模型，螺旋状分子紧密堆积时，相邻分子会采取不同的相位，即取向错位，分子和分子之间形成“拉链”，以达到最大作用和最紧密堆积。在本章的体系中，DNA 骨架磷酸呈现为负电荷螺旋带，而 TMAPS 为正电荷螺旋带。相邻分子取向错位，拉近 DNA–DNA 分子之间的距离，使得 DNA 分子的正电荷螺旋带与邻接 DNA 分子的负电荷螺旋带相互作用，形成静电作用“拉链”；而对角线方向的分子由于距离较远以及二氧化硅壁的阻隔，不会出现取向错位。这使得二维正方结构能够稳定存在。二维六方晶体的形成是由于在较低浓度下，相对来说二氧化硅墙壁的形成较快，屏蔽了 DNA 分子表面的电荷，使 DNA–TMAPS–TEOS 复合体成为表面均匀的柱状结构进行二维六方紧密堆积。

这些结论对 DNA 理论研究、DNA 自组装、生物矿化、大分子自组装和新型功能材料的设计等方面都有重要的意义。

4.5 参考文献

[1] Hagerman P J. Annu. Rev. Biophys. Biophys. Chem., 1988, 17: 265.

[2] Rybenkov V V, Cozzarelli N R, Vologodskii A. V. Proc. Natl. Acad. Sci., 1993, 90: 5307.

[3] Livolant F, Leforestier A. Prog. Polym. Sci., 1996, 21: 1115.

[4] Robinson C. Tetrahedron., 1961, 13: 219.

[5] Robinson C. Mol. Cryst. Liq. Cryst., 1966, 1: 467.

[6] Luzzati V, Nicolaieff A. J. Mol. Biol., 1963, 7: 142.

[7] Jordan C F, Lerman L S, Venable J H. Nature: New biology., 1972, 236: 67.

[8] Lerman L S. Cold Spring Harbor Symposia on Quantitative Biology, 1974, 38: 59.

[9] Maniatis T, Venable Jr J H, Lerman L S. J. Mol. Biol., 1974, 84: 37.

[10] Cheng S M, Mohr S C. Biopolymers, 1975, 14: 663.

[11] Huey R, Mohr S C. Biopolymers, 1981, 20: 2533.

[12] Bloomfield V A. Biopolymers, 1997, 44: 269.

[13] Shapiro J T, Leng M, Felsenfeld G. Biochemistry, 1969, 8: 3219.

[14] Zlatanova J, Yaneva J. DNA Cell Biol, 1991, 10: 239.

[15] Ghirlando R, Wachtel E J, Arad T, Minsky A. Biochemistry, 1992, 31: 7110.

[16] International Tables for Crystallography, Volume A. 4.6. Geometrical structure factors and electron density formulae for the two-dimensional space groups.

[17] Tschierske C. Chem. Soc. Rev., 2007, 36: 1930.

[18] Chen B, Zeng X, Baumeister U, Ungar G, Tschierske C. Science., 2005, 307: 96.

[19] Chen H-L, Lu J-S, Yu C-H, Yeh C-L, Jeng U-S, Chen W-C. Macromolecules., 2007, 40: 3271.

[20] Manning G S. Q. Rev. Biophys., 1978, 11: 179.

[21] Kornyshev A, Leikin S, J. Chem. Phys., 1997, 107: 3656.

[22] Kornyshev A A, Leikin S. Phys. Rev. Lett., 1999, 82: 4138.

[23] Harreis H, Kornyshev A, Likos C, Löwen H, Sutmann G. Phys. Rev. Lett., 2002, 89: 18303.

[24] Harreis H, Likosa C, Löwen H. Biophys. J., 2003, 84: 3607.

[25] Kornyshev A, Lee D, Leikin S, Wynveen A, Zimmerman S. Phys. Rev. Lett., 2005, 95: 1.

第5章　阴离子表面活性剂导向形成纳米颗粒和空心球的机理研究

5.1　引言

作为介孔晶体的结构导向剂，阴离子表面活性剂是一种非常优秀的模板分子，可以形成各种不同形貌的有机组装体[1]。

通过使用阴离子表面活性剂为模板和助结构导向剂 (CSDA) 可以合成出高度有序的介孔晶体。CSDA 的氨基或季铵离子与阴离子表面活性剂发生静电相互作用，硅氧烷部分则与无机源进行共缩聚形成硅壁，使得阴离子表面活性剂这一类廉价表面活性剂能够导向合成出一系列高度有序的介孔晶体 AMS−*n*[2-10]。这种合成方法开创了用阴离子表面活性剂合成介孔晶体的先河，并且在介孔晶体的结构设计和合成上都有着重要的意义。

在第2章中发现，向阴离子表面活性剂体系中添加 Brij−56 可以导向形成纳米颗粒。本章对该体系进行了更深入的研究，通过萃取的方法去除表面活性剂，可以获得表面氨基改性的介孔材料。此外，发现使用油酸作为表面活性剂，可以在乳液/表面活性剂双重作用下形成具有不同球壳结构的空心球。

5.2　实验部分

5.2.1　试剂

十二烷基谷氨酸 (*N*−lauroyl−*L*−glutamic acid: C_{12}GluA)、十四烷基谷氨酸(*N*−

myristoyl-*L*-glutamic acid: C_{14}GluA)、十六烷基谷氨酸(*N*-palmitoryl-*L*-glutamic acid: C_{16}GluA)、十八烷基谷氨酸 (*N*-stearoyl-*L*-glutamic acid: C_{18}GluA)购于日本 Ajinomoto 公司，P123 [poly (ethylene oxide)-b-poly(propylene oxide)-b-poly (ethylene oxide) triblock copolymer: $EO_{20}PO_{70}EO_{20}$]、Brij56 ($C_{16}(EO)_{10}$) 购于美国 Aldrich 公司，3-氨丙基三乙氧基硅烷 (3-aminopropyltriethoxysilane: APES) 购于日本 TCI 公司，油酸 (oleic acid: OA)、正硅酸乙酯 (tetraethyl orthosilicate: TEOS)，乙醇购于中国药品试剂集团上海分公司。所有化学试剂未经进一步纯化。

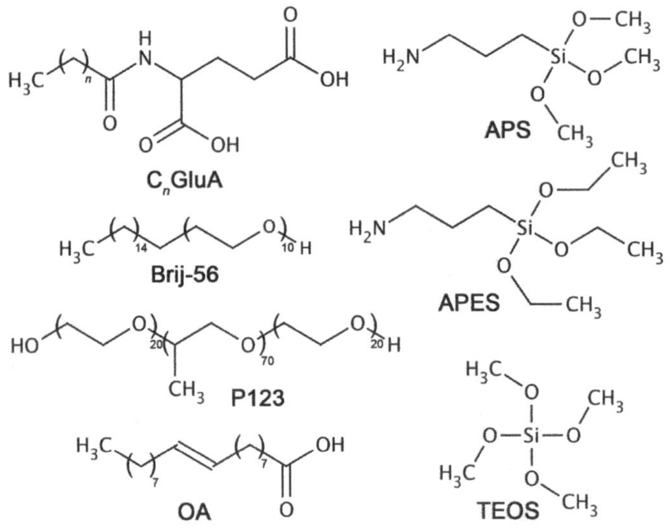

5.2.2 纳米颗粒的合成

介孔晶体合成过程如下：称取 0.207g(0.5mmol)C_{18}GluA 和非离子表面活性剂 (Brij-56 或 P123)分散到 21g(1.167mol)去离子水中，在特定温度下搅拌，向该溶液中同时加入 0.179g(1mmol)APS 和 1.56g (7.5mmol) TEOS。20min 后停止搅拌，并继续在该温度下水浴中老化 2 天。将生成的白色粉末过滤分离，60°C 下干燥过夜。

结构导向剂的去除：结构导向剂是通过离子交换的方法，通过萃取除去的。称取 0.5g 介孔晶体，在 200mL 乙醇胺 (体积分数 17 %) 的乙醇溶液中回流 12h，离心，室温下真空干燥。这一萃取过程可以重复多次以保证将表面活性剂完全去除。

5.2.3 空心球的合成

将0.282g(1mmol)OA室温下分散于水和乙醇（按一定比例混合）的溶液中，同时加入0.221g (1mmol) APES和1.40g(6.7 mmol) TEOS，剧烈搅拌10min后，将反应静置于80℃水浴中老化24h。过滤分离生成的白色粉末，80℃干燥过夜，在550℃下焙烧6h去除表面活性剂。

5.2.4 表征与测试

介孔硅粉末的X射线衍射 (XRD) 使用Rigaku RINT 2000/PC 测定，采用Cu $K\alpha$辐射 (λ = 0.15406nm)，操作功率为0.8kW (40 kV，20mA)，扫描速率为1.0(°)/min，扫描范围为1°～6°(2θ)。

样品的高分辨透射电子显微图像 (HRTEM) 使用JEOL JEM−2100 拍摄，电子束加速电压200kV，球差系数 C_s = 1.4mm，点分辨率2.3Å。HRTEM图像由CCD (Keenview，1376像素 × 1096 像素，像素尺寸6.4μm × 6.4μm) 获取。拍摄条件是50k～80k放大倍率，低剂量电子束照射。

样品的形貌特征使用扫描电子显微镜 (SEM) JEOL JSM−7401F 拍摄，电子束加速电压1kV，分辨率约1.4nm。为了获得样品表面真实形貌，没有对样品进行镀金处理。

动态光散射 (dynamic light scattering，DLS) 实验通过 zetasizer instrument (Nano ZS90，malvern instruments) 仪器测得。

5.3 结果与讨论

5.3.1 阴离子表面活性剂导向纳米颗粒的形成及机理研究

在第2章中得到了众多不同结构的介孔晶体，但是在不加Brij−56时，只能形成具有无序孔道的笼状结构，这里，使用 P123 作为分散剂，通过不同链长的阴离子表面活性剂 C_nGluA 作为模板，得到了不同结构的介孔晶体。

图 5-1 为使用不同链长表面活性剂合成的介孔晶体的 XRD 图谱。使用短链的 $C_{12}GluA$ 表面活性剂合成的样品在 $2\theta = 2° \sim 3°$有两个衍射峰，而使用长链表面活性剂的样品都只出现了一个宽峰，并且 2θ 值随表面活性剂链长不断增大。

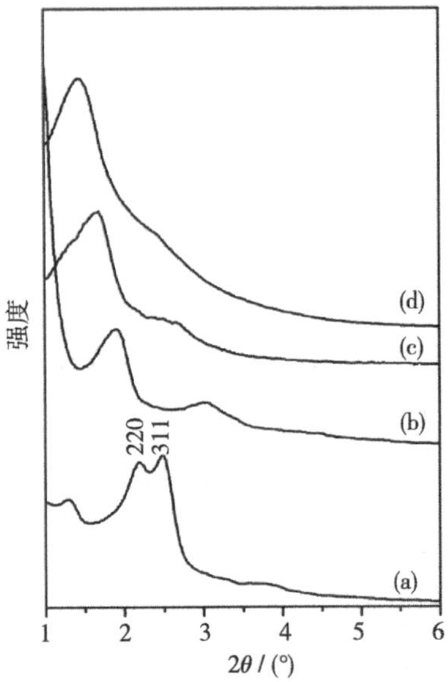

图5-1　使用不同链长谷氨酸表面活性剂合成的介孔球形材料的 XRD 图谱。反应物组分为：$C_nGluA : APS : TEOS : H_2O : P123 = 1 : 2 : 15 : 2335 : 0.1$，表面活性剂分别为 (a) $C_{12}GluA$，(b) $C_{14}GluA$，(c) $C_{16}GluA$ 和 (d) $C_{18}GluA$。反应温度为 80 °C

Figure 5-1　XRD patterns of mesoporous silica spheres synthesized with different chain length of surfactants. The molar composition is: $C_nGluA : APS : TEOS : H2O : P123 = 1 : 2 : 15 : 2335 : 0.1$, where surfactant is (a) $C_{12}GluA$, (b) $C_{14}GluA$, (c) $C_{16}GluA$ and (d) $C_{18}GluA$. The reaction temperature is 80℃

这些样品的TEM照片如图5-2所示。可以看到随着表面活性剂碳链的增长，得到的晶体粒径显著减小。当使用$C_{12}GluA$和$C_{14}GluA$两种短链表面活性剂时，可以观察到高度有序的介孔结构。而使用$C_{16}GluA$和$C_{18}GluA$作为表面活性剂时，只观察到无序结构。

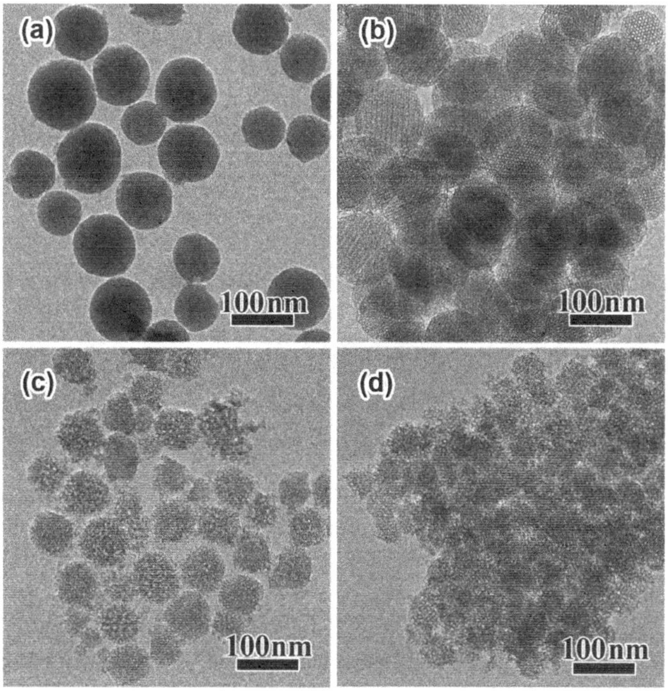

图5-2　使用不同链长谷氨酸表面活性剂合成的介孔球的 TEM 图像。反应物组分为：C_nGluA：APS：TEOS：H_2O：P123 = 1：2：15：2335：0.1，表面活性剂分别为 (a) C_{12}GluA，(b) C_{14}GluA，(c) C_{16}GluA 和 (d) C_{18}GluA。反应温度为 80°C

Figure 5-2　TEM images of mesoporous silica spheres synthesized with different chain length of surfactants. The molar composition is: C_nGluA：APS：TEOS：H_2O：P123 = 1：2：15：2335：0.1, where surfactant is (a) C_{12}GluA, (b) C_{14}GluA, (c) C_{16}GluA and (d) C_{18}GluA. The reaction temperature is 80℃

图 5-3(a) 和图 5-3(b) 分别是使用 C_{12}GluA 和 C_{14}GluA 两种短链表面活性剂合成样品的高倍率 HRTEM 图像。使用 C_{12}GluA 合成的样品具有高度有序的笼状 *Fd*∑3m 结构介孔结构，图 5-3(a) 为从 [110] 方向拍摄的 HRTEM 照片。在照片中可以看到很多的堆积位错结构。*Fd*∑3*m* 属于面心立方晶体，因此在 [110] 方向应为沿 [111] 方向堆积的 *ABCABC* 结构。但是，在堆积之中会发生堆积位错而产生镜面，就会出现如 *ABCBA* 的堆积方式，其中 *C* 为孪晶面。这种结构在面心立方晶体中非常常见。在图中将所有的孪晶面用箭头标出，并标出了整个晶体中堆积走向。在晶体也观察到了具有 *ABAB* 堆积方式的三维六方结构。图 5-3(b) 为使用 C_{14}GluA 合成的样品的一个晶体的 HRTEM 照片，可以看到该晶体尺寸比使用

C_{12}GluA 合成的样品小很多，但该晶体仍然为面心立方 *Fd*∑3*m* 结构。有趣的是，这个晶体呈现出类似准晶的 10 重对称的衍射结构，并且在中心可以观察到 5 重对称中心。这也是由于 *Fd*∑3*m* 结构的位错堆积造成的。晶体中所有的位错均用箭头标出，可以看到这个晶体具有非常复杂的缺陷和位错排列，并且有 *ABCABC* 和 *ABAB* 两种堆积方式。由此，当晶体内有众多不同方向的位错结构时，它们彼此相连，如果并不能很好地匹配，就有可能造成这种 5 重对称结构。

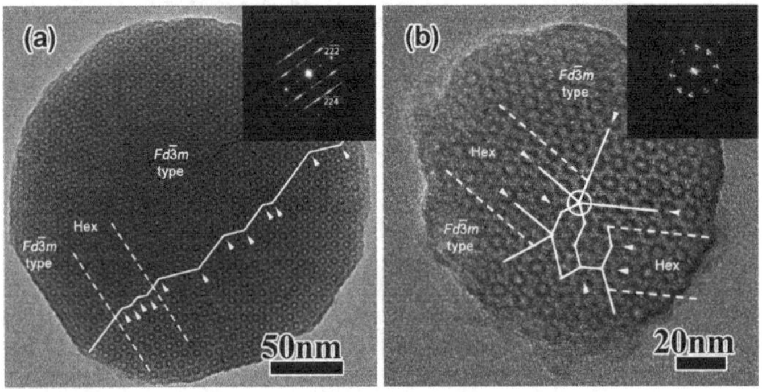

图5-3　使用 (a) C_{12}GluA 和 (b) C_{14}GluA 合成的介孔球的 HRTEM 图像

Figure 5-3　HRTEM images of mesoporous silica spheres synthesized with (a) C_{12}GluA and (b) C_{14}GluA

表面活性剂的浓度是决定介孔材料结构和形貌重要的参数之一。因此，本章也考察了表面活性剂的浓度对纳米球形貌和结构的影响。图 5-4 显示了使用 Brij-56 作为共表面活性剂时，在不同阴离子表面活性剂 C_{18}GluA 浓度下合成样品的 XRD 图谱。可以看到，在高浓度下，出现了两个衍射峰，但是这两个衍射峰的信息不足以解析其结构；而在低浓度下，只有一个很弱的宽峰出现。

这些样品的 TEM 照片如图 5-5 所示。可以看到，随着表面活性剂浓度降低，形成的颗粒显著变小。这是由于表面活性剂浓度高的时候有利于晶种的形成，同时有利于晶种的生长；反之亦然。相比之前使用 P123 作为分散剂时的纳米颗粒，此时得到的粒子更为均匀，经过计算，在表面活性剂质量分数为 0.7% 时合成的纳米颗粒平均粒径为 60nm，标准偏差为 0.128，因此可以用在药物负载、细胞吞噬等方面。

由于纳米颗粒的重分散性对于药物释放等应用非常重要，因此对这些样品进行了干燥后重分散实验。验证结果显示，经过超声处理后这些纳米颗粒样品可以很容易地在水中分散 (图 5-6)。

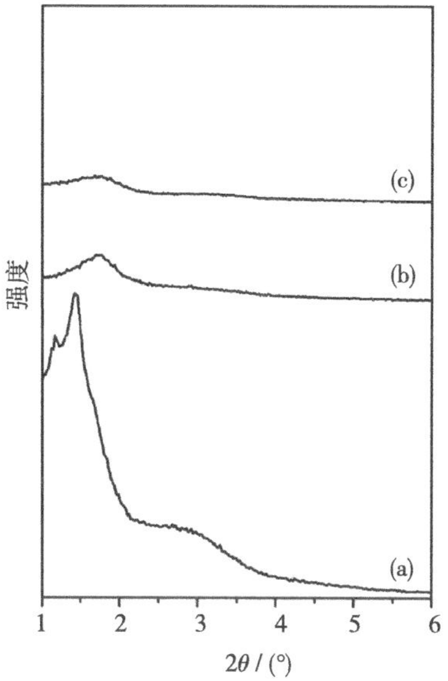

图5-4　使用不同浓度谷氨酸表面活性剂合成的介孔球形材料的 XRD 图谱。表面活性剂质量分数为(a)2.0%，(b)0.7%和(c)0.3%。反应物组分为：C_{18}GluA : TEOS APS : H_2O : Brij-56 = 1 : 2 : 15 : x : 0.29，其中x分别为1168，3336和7783，反应温度为80°C

Figure 5-4　XRD patterns of the mesoporous silica spheres synthesized with different surfactant concentrations of (a)2.0wt%, (b)0.7wt% and (c)0.3wt%. The synthesis molar composition is C_{18}GluA : TEOS : APS : H_2O : Brij-56 = 1 : 2 : 15 : x : 0.29, where x = 1168, 3336 and 7783. The reaction temperature is 80℃

为了研究这种纳米颗粒的形成机理，本书对具有平均粒径 60nm 的样品 [图 5-4(b)] 同样进行了时间过程的实验。图 5-7 显示了形成过程的 SEM 照片，可以看到，最初形成了很大的块状颗粒；随着反应的进行，纳米粒子快速地从块状颗粒中分离出来，并且保持大小稳定。

动态光散射 (DLS) 的结果也说明了这一点，如图 5-8 所示。由于在反应过程中形成的产物离开反应溶液会迅速团聚，因此在反应进行当中用滴管将反应液取出，迅速加入比色皿中进行测定。DLS 结果表明，随着反应的进行，观察到的粒径迅速减小，在 5min 以后就减小到了 70nm 左右，随后一直保持稳定，与最终产物的大小一致。而在 SEM 照片中 1min 出现的微米级块状颗粒，很可能是由于产物在干燥过程中团聚造成，另一个原因可能是在反应早期形成的产物过于“柔软”，并不能很好地保持其外形。

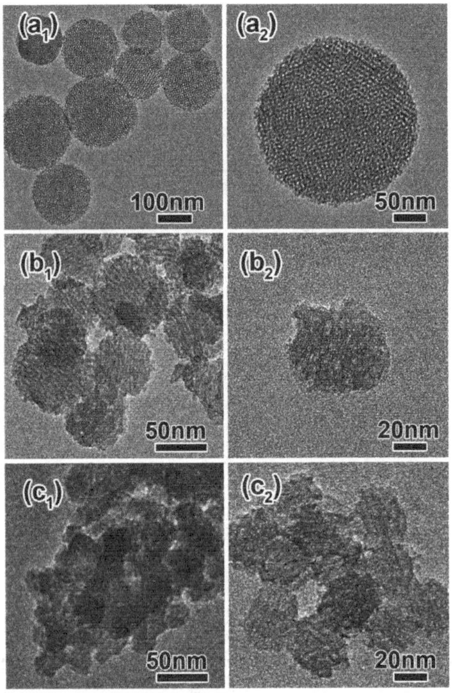

图5-5　使用不同浓度谷氨酸表面活性剂合成的介孔球形材料的 TEM 照片。表面活性剂质量分数为 (a) 2.0%, (b) 0.7% 和 (c) 0.3%。反应物组分为：C_{18}GluA：TEOS：APS：H_2O：Brij-56 = 1：2：15：x：0.29, 其中x分别为 1168, 3336 和 7783. 反应温度为 80°C

Figure 5-5　TEM images of the mesoporous silica spheres synthesized with different surfactant concentrations of (a) 2.0 wt %, (b) 0.7 wt % and (c) 0.3 wt %. The synthesis molar composition is C_{18}GluA：TEOS：APS：H_2O：Brij-56 = 1：2：15：x：0.29, where x = 1168, 3336 and 7783. The reaction temperature is 80℃

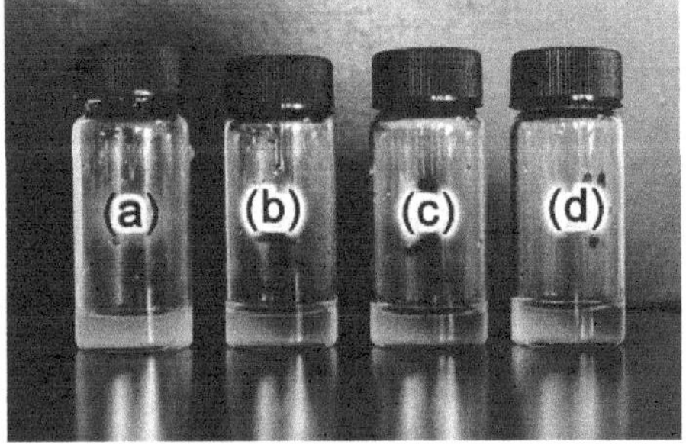

图5-6　具有不同粒径纳米颗粒在水中重分散照片。粒径分别为 (a) 210nm, (b) 120nm, (c) 60nm 和 (d) 30nm, 样品(a),(c),(d)为图 5—4 中样品，(b) 为第2章中1% 浓度下在 80℃ 合成的样品

Figure 5-6　The pictures of aqueous dispersion of nanoparticles with different size of (a) 210nm, (b) 120nm, (c) 60nm and (d) 30nm. Samples were shown in Figure 5-4 and Chapter 2

图5-7　形成过程中不同反应时间样品的 SEM 照片 (a) 1min, (b) 20min, (c) 36min 和 (d) 40min

Figure 5-7　SEM images of the as-synthesized product sampled for different reaction periods (a) 1min, (b) 20min, (c) 36min and (d) 40min

图5-8　反应液中不同反应时间的动态光散射粒径分布图谱

Figure 5-8　DLS profile of the products sampled for different reaction periods

时间过程的 DLS 和 SEM 的结果说明，纳米颗粒的形成过程中，Brij−56 起到了关键性的作用。反应开始时，溶液中油状表面活性剂液滴——硅物种形成团簇，随后不断乳化，从而变为表面活性剂胶束——硅物种的复合物晶种。这些晶种会有一个团聚和解离的平衡。这个速率决定了纳米颗粒的均匀程度，相对来说解离速率较大更容易形成均匀的粒径。而非离子表面活性剂 Brij−56 在溶液中增加了溶液的黏度，阻碍了晶种间的团聚和晶种的生长，因此形成了均匀的纳米颗粒结构。

5.3.2 阴离子表面活性剂导向空心球的形成及机理研究

使用油酸 (OA) 作为表面活性剂并用 APES 作为共结构导向剂时，可以形成空心球的结构 (图 5−9)。因为 APES 的三乙氧基硅烷的水解速率慢于 APS 的三甲氧基硅部分，有利于形成空心球。

图 5−9　所用油酸作为表面活性剂形成的介孔空心球材料的 SEM 和 TEM 图像。反应物的物质的量之比为 OA : APES : TEOS : H_2O : EtOH = 1 : 1 : 6.7 : 1600 : x, x = (a) 0 (b), 50

Figure 5−9　SEM and TEM images of calcined mesoporous silica hollow spheres. The mole composition of the synthesis system is OA : APES : TEOS : H_2O : EtOH = 1 : 1 : 6.7 : 1600 : x, wherer x= (a) 0 and (b) 50.

SEM图像显示，产物均为球形，未添加乙醇的体系中，形成的空心球颗粒较大，在TEM下看不到明显的介孔衬度，且球壳的厚度分布不均匀。而添加乙醇的空心球粒径较小，粒径分布更均匀，通过TEM表征能够看到均匀的球壳及垂直于球壳直通内外的无序介孔结构。由于这种空心球结构具有内外通透的孔道结构，因此在载药或其它分子方面都有着巨大的优势。

为了研究乙醇的作用以及空心球结构的形成机理，本书对其形成时间过程进行了追踪表征。

首先对形成过程进行了DLS的表征 (图5-10)。可以看到，形成结果与之前纳米颗粒的形成完全不同。在未加乙醇的体系中，粒径先是急剧下降，然后在t = 10～50min时基本保持在50nm左右不变，之后又开始下降。观测到最小粒径小于10nm。70min之后反应液中发生相分离，无法继续测定。加乙醇的体系乳化过程要慢很多，首先在t= 10min左右，粒径降低到150nm左右，然后经过一个不稳定的状态，在t=80min后粒径又开始下降，相分离出现在t=110min，这时观察到的最小粒径在20nm左右。

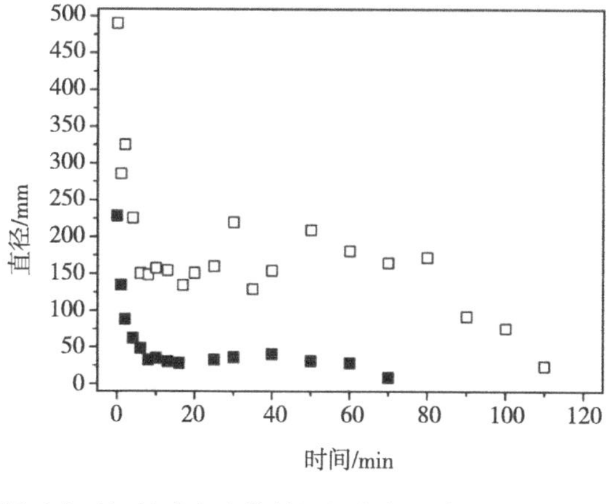

图5-10 反应液中不同反应时间的动态光散射粒径分布图谱。反应物配比为OA∶APES∶TEOS∶H_2O∶EtOH=1∶1∶6.7∶1600∶x，其中x= (■) 0和 (□) 50

Figure 5-10 Dynamic light scattering (DLS) profile of the OA synthesis system. The synthesis molar compositions are OA∶APES∶TEOS∶H_2O∶EtOH=1∶1∶6.7∶1600∶x, where x = (■) 0 and (□) 50, respectively

此外，为了跟踪溶液中离子强度的变化和反应的进程，对反应溶液进行了实时pH值和电导率的监测。pH值结果如图5-11所示，可以看到，随着APES和TEOS的加入，由于APES的氨基为碱性，因此pH值在瞬间升高，随着反应的进行缓慢降低，至反应完全时为近中性。另外，加入乙醇的体系反应温和得多。电导率数据如图 5-12 所示。加入 APES 和 TEOS 后电导率缓慢上升，到达顶点后开始缓慢下降。与 pH 值结果类似，加入乙醇的体系中电导率值较低。

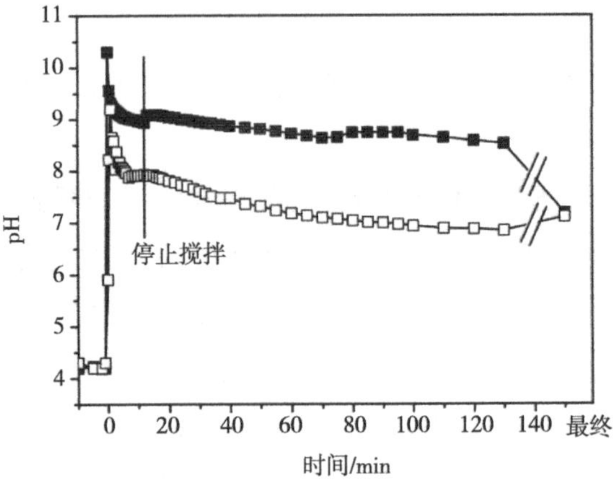

图 5-11　反应液中不同反应时间的 pH 值。反应物配比为 OA∶APES∶TEOS∶H_2O∶EtOH 1∶1∶6.7∶1600∶x，其中 x = (■) 0 和 (□) 5

Figure 5-11　Plot of pH value versus time for the OA synthesis system. The synthesis molar compositions are OA∶APES∶TEOS∶H_2O∶EtOH 1∶1∶6.7∶1600∶x, where x = 0 (■) and 50 (□), respectively

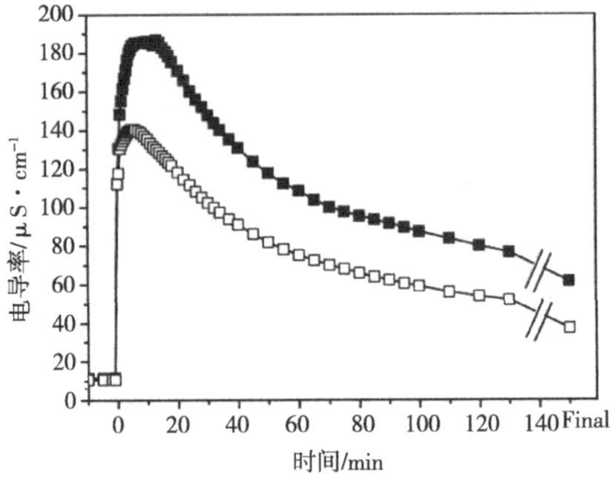

图 5-12　反应液中不同反应时间的电导率值。反应物配比为 OA: APES: TEOS∶H_2O∶EtOH= 1∶1∶6.7∶1600∶x，其中，x = (■) 0 和 (□) 50

Figure 5-12　Plot of specific conductance versus time for the OA synthesis system. The synthesis molar compositions are OA∶APES∶TEOS∶H_2O∶EtOH=1∶1∶6.7∶1600∶x, where x = (■) 0 and (□) 50, respectively

未加乙醇的空心球合成体系形成过程的TEM照片如图5-13所示，在反应容器转移到80℃水浴之前，反应非常缓慢，观察不到任何衬度，当转移到80℃水浴之后，反应迅速进行。5min之后就能观察到微米尺度的大颗粒，10min的时候可以观察到卷曲的层状结构，20min后这些层状结构开始形成球状外形，到了30min～1天时，已经基本形成了最终的空心球产物，并且在1天的样品中观察到层状的介观结构。此外，球壳不均匀是由于形成过程中硅物种在层状结构的缩聚不均匀引起的。

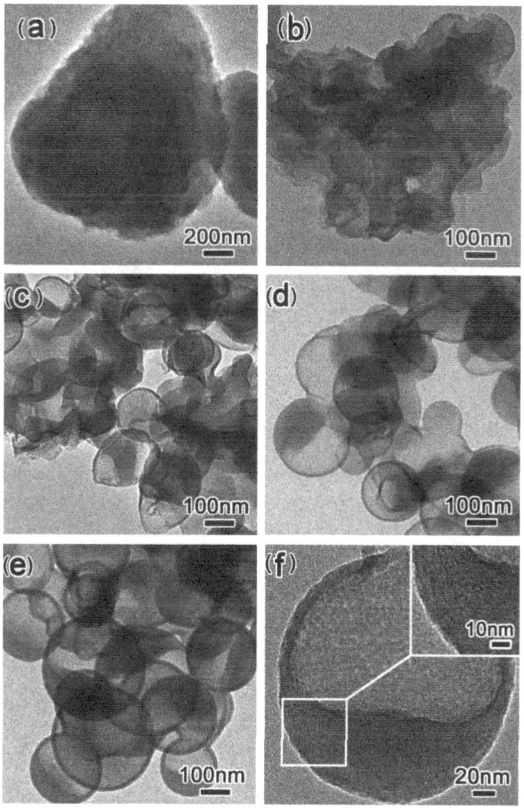

图5-13 不同反应时间产物的TEM照片，反应时间为(a) 5min, (b) 10min, (c) 20min, (d) 30 min和(e) 1天. (f) 反应1天的样品显示出层状的结构（放大图）。反应物的物质的量之比为OA∶APES∶TEOS∶H_2O = 1∶1∶6.7∶1600

Figure 5-13 TEM images of as-synthesized products sampled at different reaction periods of (a) 5min, (b) 10min, (c) 20min, (d) 30 min and (e) 1d. (f) The TEM image of the hollow sphere aged for 1d shows the lamellar contrast. Inset: Magnified TEM image of the silica shell. The synthesis molar composition is OA∶APES∶TEOS∶H_2O = 1∶1∶6.7∶1600

添加乙醇体系形成过程的TEM照片如图5-14所示。与不加乙醇体系类似，最初5min形成了微米级的块状颗粒，但随后的反应过程完全不同。在10min老化之后，从大块颗粒逐渐分化出小的实心颗粒(10～20min)，随着反应的进行，这些实心颗粒逐渐变为空心结构(30min～1天)，而1天的样品中已经能看到明显的内外通透的介孔结构。因此，添加乙醇体系的空心球是在块状结构中分化出实心颗粒后，由缩聚反应形成的空心结构。

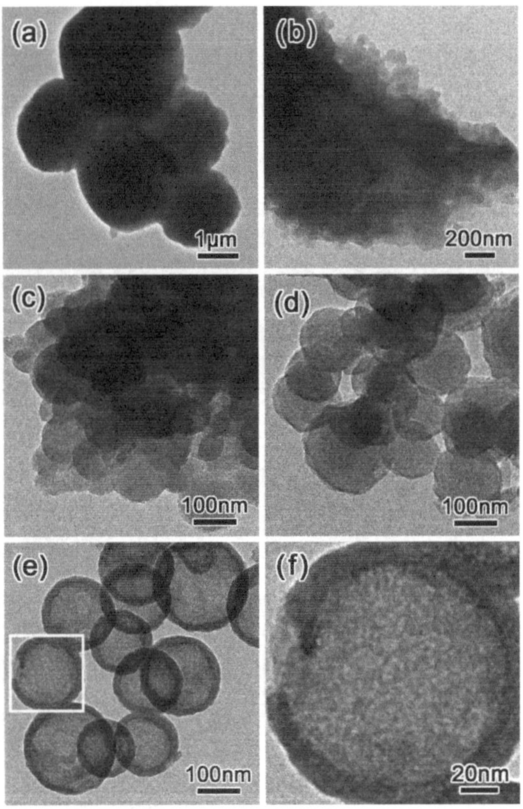

图5-14　不同反应时间产物的TEM照片，反应时间为(a) 5min, (b) 10min, (c) 20min, (d) 30 min, (e) 1天和(f)反应1天的样品放大图。反应物的物质的量之比为OA∶APES∶TEOS∶H_2O∶EtOH=1∶1∶6.7∶1600∶50

Figure 5-14　TEM images of as-synthesized products sampled at different reaction periods of (a) 5min, (b) 10min , (c) 20min, (d)30min and (e)1d and (f) magnified TEM image of the final product. The mesoporous silica hollow spheres synthesised in the presence of alcohol in the synthesis molar composition of OA: APES∶TEOS∶H_2O∶EtOH=1∶1∶6.7∶1600∶50

根据时间过程DLS、pH值、电导率以及TEM的结果，对空心球形成过程推断如下。

与一般使用的阴离子表面活性剂不同，OA 的 Hydrophillic-Lipophillic-Balance (HLB) 值约为 1，因此是一种憎水性非常强的分子。在反应初始溶液中，OA 作为油相与水并不互溶。当反应液加入 APES 和 TEOS 后，APES 的氨基和 OA 的羧基作用，形成 OA/CSDA/silica 复合物，由于 OA 的高憎水性，OA 被非常缓慢的乳化，油相中更多的 OA 不断地与 APES 相互作用，且硅物种不断缩聚，最后经过完全乳化的 OA/CSDA/silica 复合物 (只有几纳米大小) 发生后续自组装形成介观结构及空心形貌。因此在 DLS 结果中看到粒径在快速下降之后保持基本稳定一段时间后才又开始缓慢下降。而 pH 值和电导率的结果也表明，反应/乳化过程是逐渐缓慢进行的。可以说，其形成过程受乳液/表面活性剂双重作用。

另外，由于 OA 的羧基非常小，因此倾向于形成很低的有机/无机界面曲率，即形成高表面活性剂堆积参数 g 值的结构[11]。从而得以形成层状介观相，且薄层状结构由最小表面能/表面张力作用下形成了空心球结构。经过焙烧，层状结构坍塌，成为一种低孔隙率的空心球结构。

而当添加了乙醇之后，乙醇在体系中起到助溶剂和结构调节剂的作用。首先乙醇可以作为助溶剂协助油相液滴的乳化。其次，作为共结构导向剂，由于一定数量的乙醇小分子分布在表面活性剂胶束的亲水/疏水表面，能够增大表面活性剂的有效头部面积，降低表面活性剂堆积参数 g，因此乙醇可以改变胶束曲率，从层状结构转变为曲率较高的非层状结构。在反应过程中观察到小颗粒由实心变为空心，则是由于硅物种的不断缩聚引起的。这种薄壁而且高孔隙率的通透结构，使得客体分子很容易进出球体，因此这些材料可以作为载体应用于某些特定领域。无序排列的孔道结构与层状结构相比，在高温焙烧之后仍然能够保持较高的稳定性。

5.4 结论

本章中，使用阴离子表面活性剂对于纳米颗粒和空心球的合成进行了结构表征和形成机理的研究。

通过添加非离子表面活性剂 P123，使用不同链长的阴离子谷氨酸表面活性剂、C_{12}GluA、C_{14}GluA、C_{16}GluA 和 C_{18}GluA，可以得到粒径比较均匀的纳米颗粒，且平均粒径随着表面活性剂碳链长度的增加而减小。其中，使用 C_{12}GluA 和 C_{14}GluA 得到的是具有 $Fd\sum 3m$ 面心立方结构的介孔晶体。此外，通过调节表面活性剂的浓度，得到了具有不同粒径的介孔纳米颗粒结构，选取了粒径在 60nm 左右的样品进行了形成机理的研究，解释了共表面活性剂 Brij-56 在控制粒径和形成均匀尺寸纳米颗粒上的作用。

此外，通过使用油酸作为表面活性剂得到了空心介孔球结构，添加乙醇可以提高孔隙率形成薄壁而具有通透介孔孔道的球壳结构。通过跟踪反应的时间过程，发现这种空心球的形成是由乳液/表面活性剂双重作用下形成的，APES 对油酸进行乳化，随后油酸/APES/硅复合体进行组装。不添加乙醇时形成层状结构随后卷曲形成球壳，而在添加乙醇的体系中，为先形成小颗粒，在缩聚过程中变为空心。乙醇可以作为助溶剂协助油相液滴的乳化，且乙醇能够增大表面活性剂的有效头部面积，降低表面活性剂堆积参数 g，形成非层状通透球壳内外的介孔结构。

5.5 参考文献

[1] Jin H, Qiu H, Sakamoto Y, Shu P, Terasaki O, Che S. Chem. Eur. J., 2008, 14: 6413.

[2] Che S, Garcia—Bennett A E, Yokoi T, Sakamoto K, Kunieda H, Terasaki O, Tatsumi T, Nat. Mater., 2003, 2: 801.

[3] Garcia—Bennett A E, Kupferschmidt N, Sakamoto Y, Che S, Terasaki O. Angew. Chem. Int. Ed., 2005, 44: 5317.

[4] Garcia—Bennett A E, Miyasaka K, Terasaki O, Che S. Chem., Mater. 2004, 16: 3597.

[5] Garcia—Bennett A E, Terasaki O, Che S, Tatsumi T. Chem. Mater., 2004, 16: 813.

[6] Che S, Liu Z, Ohsuna T, Sakamoto K, Terasaki O, Tatsumi T. Nature, 2004, 429: 281.

[7] Gao C, Sakamoto Y, Sakamoto K, Terasaki O, Che S. Angew. Chem. Int. Ed., 2006, 45: 4295.

[8] Gao C, Qiu H, Zeng W, Sakamoto Y, Terasaki O, Sakamoto K, Chen Q, Che S. Chem. Mater., 2006, 18: 3904.

[9] Gao C, Sakamoto Y, Terasaki O, Sakamoto K, Che S. J. Mater. Chem., 2007, 17: 3591.

[10] Gao C, Sakamoto Y, Terasaki O, Che S. Chem. Eur. J., 2008, 14: 11423.

[11] Israelachvili J N, Mitchell D J, Ninham B W, Chem J. Soc., Faraday Trans., 2 1976, 72: 1525.

第6章 全书总结与展望

6.1 全书主要内容和结论

晶体是一种特殊的固态物质，它具有周期性排列的内部结构。由于晶体有着非常特殊的内部结构和外部形貌，它们具有很多特殊性能。最近发展起来的介观晶体在各领域已经表现出有价值的潜在应用。因此，对于采用新方法合成出来的介观晶体进行结构表征和形成机理的研究就变得异常重要。

从结构方面来说，一方面，介观晶体是一类非常特殊的晶体，其内部的原子尺度排列是无定形的，而在介观尺度上，模板分子 (簇) 或内部的孔洞有着高度有序的排列，而这些部分和无定形二氧化硅之间存在显著的电势密度差异，从而构成散射中心。但另一方面，这些介观晶体在常规的 XRD 或 SAXS 分析方面存在诸多困难，因此，需要使用电子显微学方法对新型介观晶体进行了结构表征和机理研究。通过电子衍射和高分辨透射电镜，可以方便地得到倒易空间和正空间的信息，通过三维重构得到介观晶体的结构特征。此外，在共生、缺陷的研究上面，电子显微学的方法也比 X 射线衍射有着明显优势。

在本书的研究中选取了两个体系：一个是介孔晶体的共结构导向法合成体系，另一个是以 DNA 为模板的 DNA−二氧化硅复合晶体共组装体系，通过对这两个体系合成出样品的细致结构研究发现：

①利用氨基酸头部的阴离子表面活性剂和共结构导向剂，通过添加非离子共表面活性剂 Brij−56，合成了一系列具有不同有机/无机界面曲率的介孔晶体。随着 Brij−56 加入量增高，介观相从高有机/无机界面曲率的结构转变为低有机/无机

界面曲率的结构，其介观结构顺序为：笼状 → 二维六方 C → 二维六方 C 与双连续 Diamond D 共生 → 二维六方 C 与双连续 Gyroid G 共生 → 双连续 Diamond D → 双连续 Gyroid G → 层状 L。第一次得到了含有两种双连续立方结构的相图，并通过电子晶体学的方法计算得出其真实表面活性剂堆积参数 $<g>$，通过实验区分了这两种最小表面的双连续立方结构。此外，还通过 HRTEM 研究确认了 C 与 G 的取向共生关系。

②通过使用谷氨酸衍生阴离子表面活性剂，采用共结构导向剂的合成方法，添加非离子表面活性剂 Brij-56，发现了一种具有罕见多面体内部形貌 (二十面体、十面体、Wulff 多面体等) 的介孔空心球晶体。其球壳是由高度有序的双连续金刚石介孔结构通过“反向”多重孪晶形成的，这是第一次发现通过多重孪晶化形成的空心球晶体。这种新型空心球晶体的合成过程引入了一种全新的晶体生长和合成策略，是对目前已知晶体结构和形貌的补充。

③通过以 DNA 为模板，使用共结构导向法合成了 DNA-二氧化硅复合晶体。随合成体系 DNA 溶液初始浓度的增高，晶体从二维六方结构变为罕见的二维正方对称性结构，而二维正方结构是由于相邻 DNA 分子的螺旋构型生成静电作用“拉链”从而进行取向堆积产生的。二维六方晶体的形成是由于在较低浓度下，形成二氧化硅墙壁速度较快，屏蔽了 DNA 分子表面的电荷，使分子按照柱状均匀分子的方式进行二维六方紧密堆积。这些结论对 DNA 结构理论研究、DNA 自组装、生物矿化、大分子自组装和新型功能材料的设计等方面都有重要的意义。

④使用谷氨酸衍生阴离子表面活性剂 C_nGluA，非离子表面活性剂 P123 或 Brij-56 作为分散剂，通过不同的实验配方合成了具有不同结构、不同粒径的介孔纳米颗粒。使用不同链长的表面活性剂可以得到粒径比较均匀的纳米颗粒，且平均粒径随着表面活性剂碳链长度的增加而减小。此外，通过调节表面活性剂的浓度，得到了具有不同粒径的介孔纳米颗粒结构，并探讨了其形成机理。此外，通过使用油酸作为表面活性剂在乳液/表面活性剂双重作用下得到了空心介孔球结构，添加乙醇可以调节反应液的乳化速度并降低油酸的表面活性剂堆积参数 g 从而提高孔隙率，形成薄壁而具有介孔垂直于球壳的通透结构。

6.2 工作展望

晶体材料的物理、化学性质都受其结构影响，而通过电子显微学表征，可以对其结构进行确定，并能够发现一些新结构、新形貌并对其进行解析。这些不仅是基础研究的重要环节，更重要的是可以为新材料的合成提供反馈和指导。例如，通过表征一系列样品就可以直观地反映出其结构特征，从而为后续的合成工作和改性工作提出思路。

但同时电子显微学也有不完善之处，首先需要很多基础知识和训练才能够视同电子衍射和高分辨透射电镜解析结构，且结构解析过程步骤烦琐，因此普及性远远不及 X 射线衍射的方法。由于电子与物质作用过于强烈，很多时候都会受到动力学衍射的影响，体现错误的信息。此外，结构解析还会受到样品稳定性、电镜分辨率等方面的制约，因此电镜学自身的发展也面临诸多挑战，需要不断开发新的技术和新的测试手段。例如，最新的 SEM 都具有 gentle beam (或 stage bias) 技术，能够在样品台加负电压，从而有效提高分辨率和降低放电现象 (charge−up effect)，使得绝缘体介观晶体不需要导电就可以进行观察，使表面微观形貌能够得到最好的体现。对于 TEM 来说，一些新的技术也在不断发展，比如球差校正 (C_s corrector) 可以显著提高分辨率，倒易空间体层照相 (reciprocal space tomography，Daliang Zhang，PhD thesis，Stockholm University，2010) 等技术，都为更方便地表征新型晶体材料做出了贡献。

晶体材料的发展总是和检测技术的进步分不开的。在前人工作的基础上，我们将不断努力地开发出性能更好的晶体材料，推进本领域的工作进展。